本书为 2009 年文化部文化艺术科学研究项目(项目号:09DF28)

艺术之融昶

——艺术学视阈下的中西方园林景观比较研究

THE INTEGRATION OF ARTS: COMPARATIVE STUDY
BETWEEN EASTERN AND WESTERN LANDSCAPE GARDEN
DESIGN IN THE VIEW OF ARTISTICS

郑德东　著

东南大学出版社
SOUTHEAST UNIVERSITY PRESS
·南京·

图书在版编目(CIP)数据

艺术之融昶：艺术学视阈下的中西方园林景观比较
研究 / 郑德东著. —南京：东南大学出版社,2017.9
ISBN 978-7-5641-7343-2

Ⅰ. ①艺…　Ⅱ. ①郑…　Ⅲ. ①园林设计－景观设计－
对比研究－中国、西方国家　Ⅳ. ①TU986.2

中国版本图书馆 CIP 数据核字(2017)第 179834 号

东南大学出版社

(南京市四牌楼 2 号　邮编 210096)

出版人：江建中

网　　址：http://www.seupress.com

电子邮箱：press@seupress.com

全国各地新华书店经销　常州市武进第三印刷有限公司印刷

开本：787 mm×980 mm　1/16　印张：10.5　字数：188 千

2017 年 9 月第 1 版　2017 年 9 月第 1 次印刷

ISBN 978-7-5641-7343-2

定价：52.00 元

本社图书若有印装质量问题,请直接与营销部联系。电话：025-83791830

总序

人类自觉或不自觉地创造艺术，当有数万年的历史了。

数万年来，艺术与人类同在，成为人类生命当中不可或缺的一个组成部分，也酿为人类文化的重要形式。

数千年来，中外有关艺术的研究著作汗牛充栋。这些著作均为一代代学人感受艺术、品评艺术、思考艺术规律的结晶。时代发展到今天，艺术的创造、接受、传播以及艺术史的梳理、艺术理论的探索仍然需要学人孜孜以求。

东南大学位于六朝宫苑旧址，校园内的六朝松见证着南京的历史，也见证着东南大学的历史。东南大学艺术学院位于六朝松下，自两江师范学堂监督李瑞清先生起，这里就有无数学人研究艺术、创作艺术、培养艺术新人。时至今日，这里依然薪火相传，艺声不断。为了表达东大学人对于艺术的思考，总结新一代学人的研究成果，我们决定出版"六朝松艺术文库"。

这套文库以艺术学二级学科成果为主导，兼及艺术学其他二级学科的学术成果。自 20 世纪 90 年代二级学科艺术学从制度上创设于东南大学以来，我国已有近 60 家大学开设该学科。但这个学科还是一个年轻的学科，仍然需要几代人的努力。尤其是鉴于二级学科艺术学与美学、门类艺术学之间既有区别又有关联的关系，本文库在选题上并未局限于二级学科艺术学范围内。

本文库的作者均为东南大学艺术学院的教师，他们当中有 20 世纪 80 年代出生的青年学者，也有年过花甲的老教授，所以有的选题较为成熟，有的尚且稚嫩。但大家都分别从某个角度、某个方面探讨艺术的基本规律，力求独得之见。

本文库的出版将持续较长的时间，分别在不同的出版社陆续推出，欢迎各界学人批评指正。

东南大学艺术学院
2009 年 6 月

编委会名单

"六朝松艺术文库"编委会

主　任：凌继尧

副主任：王廷信

委　员（以姓氏笔画为序）

　　王廷信　刘道广　周武忠
　　胡　平　姜耕玉　徐子方
　　凌继尧　陶思炎　谢建明

主　编：王廷信

序一

　　拿到德东的书稿，随书传来的是年轻的学者对艺术研究的澎湃热情。此书是基于德东在博士期间撰写的博士论文几经修订完成，其中包含了他博士期间作为东南大学艺术学院与柏林艺术大学GTG研究所联合培养过程中的研究成果的凝练，同时也加入了在东南大学艺术学院任教后的一些新的研究成果。我曾作为他博士论文答辩委员会成员参与了他的整个答辩过程，尤记得当初德东充满激情的汇报与富有争辩特点的答辩过程。德东的博士论文选取自己熟悉的景观艺术领域，通过对中西方艺术的纵横比较，深入研究营园格局背后的艺术大环境与民族文化之间的关系，打破园林景观与门类艺术之间的隔阂，获得了在场专家的好评。

　　本书主要通过园林艺术的文化缘起、艺术观念的分支发展、门类艺术的融合贯通、艺术批评与景观园林艺术发展的动态平衡关系、中西方景观园林艺术彼此互相融合五方面加以论述，将民俗、神话、文化、宏观艺术思想、艺术批评、诗歌、绘画、雕塑等诸多相关内容有机整合，分层次、多角度地论述了中西方景观差异化形成的原因和结果，并引入"阴影补偿理论"贯穿全文，增强了论文的创新色彩。

　　德东在多年的资料整理中发现，中西方景观艺术的营园问题的研究大多仍停留在从自身的艺术模式上寻求问题答案。通过艺术学理论的钻研，他从其他艺术门类和整体的艺术背景中找到导致园林艺术差异化的根本原因，取得了良好的效果。

　　德东在文章中指出："艺术之光耀眼地投射在五颜六色的彩云上，您看地面上那些斑斓的影啊，它们因为彼此叠加融汇而显得变幻莫测，形成了园林艺术的种种美轮美奂——无论是曾经出现过的，还是未来将要形成的，把握这一切的变化与差异，都从那层层浮动的彩云开始……"

　　德东是一位富有诗性气质的年轻人，他写诗、画画、做陶艺、做设计、练太极，习惯把生活与工作融为一体。我很欣赏他的格调。一位热爱生活、热爱艺术的人就应该是这样的。本书是他初出茅庐之作，希望他能以此为起点，顺利奔向他的理想之国。

　　是为序。

王廷信

2014年4月10日 于九龙湖畔

序二

马年已至,摆在案头的是我在东南大学招收的第一个博士研究生德东的书稿。回想2007年出现在我面前的那个热情洋溢的小伙子,如今已学业有成,在东南大学任教4年有余。时光如白驹过隙,一不留神已数年过去。德东自小随在西安美院任教的舅舅学习中国画和书法,对中国传统艺术有颇为深刻的理解。大学毕业后,先后于东华大学、景德镇陶瓷学院、东南大学、柏林艺术大学研究建筑、雕塑,最后归于景观设计和艺术学理论的研究。此书的主要框架是他在读博士期间形成的,后在第二导师——我认识近20年的老朋友德国柏林艺术大学格鲁宁教授的指导下加以完善并定型。

德东是一个肯吃苦、耐得住寂寞的学生,同时又富于幻想、具有极强的浪漫主义情结。2009年8月,我在意大利博洛尼亚开完第二届国际景观与城市园艺大会后,顺道前往柏林探视。那时的他在欧洲过着清苦的生活,袜子破着洞,衣服是最便宜的1欧一件的T恤衫,体重只有一百零几斤,脸上却洋溢着富足的笑容。他每月替研究所翻译资料所赚得的收入大都被用在了考察和买书上面。一双脚、一个破包,他就这样走遍了大部分欧洲国家。回国的时候,除了几大箱书和各式各样珍贵的景观资料之外,几乎没有别的东西,让我想起了从前我在美国访学的日子,回来时也是大箱小箱的书籍,这在当今社会的学生身上已经是极少见的精神了。我和他聊了未来的研究方向,认可了他决定立足于中西景观园林艺术的元素比较,进行宏观艺术学研究。他锁定当时欧洲景观界比较流行的诸多"文化树"相关理论,并以此为切入点,恰巧为目前探讨全球化背景下传统地域文化景观存在的隔离与"孤岛效应"等主要矛盾提供了一定的帮助。此类研究通过深刻解读中西方景观园林艺术的营造、布局上的差异,无疑将有利于探讨"趋同化""均质化"现象以及各地原来鲜明的地域性特色景观逐渐消失的内外部原因。他的研究为当今景观问题的解决提供了基础性研究和思路的拓展。

此次德东给我的书稿的核心思想便是在那时就已经奠定的。可以看出,德东在书稿的撰写过程中煞费苦心,相比他的博士论文在引证、论述方面都有了较大的提高,又进行了大量的补充,新增的内容如社会母体与设计生命周期等章节都是目前研究的热点。研究方法上,运用平行比较法、跨学科研究法、文献研究法、描述性研究法、实证研究法等,较之前显得成熟许多。由于在读博士期间参与我的多项景观设计和规划项目，及至工作后他也牢记我对学生要求的从事景园艺术应"手脑并重"，一直坚持冲在景观设计一线，保持理论研究与景观设计实践并进，所以他的书稿具有较强的实践指导性，并不是纸上谈兵的文字游戏。作为德东的第一本专著，可以看出他用了许多心力，但无疑仍有一些尚待充实改进的部分。例如他提出的"阴影说"，很有创意，虽已基本形成，但需进一步充实。

期待我的学生在马年有新的腾飞，未来的日子里有更好的研究成果面世！

周武忠

2014 年 3 月 31 日于上海朴园小墅

Gert Groening

Preface

to

"The Integration of Arts: Comparative Study between Eastern and Western Landscape Garden in the View of Art"

by

Zheng Dedong

For me as a European it has been extremely thrilling to come to China, with a group of professional visitors for the first time in 1983. We knew about China as a big and faraway nation. But then, what else did we know? Beijing, Shanghai, and Hong Kong, and may be a few other places, appeared in the news every now and then. From lectures in garden history we learned there had been a "Chinoiserie", a somewhat twisted reference to gardens in China, in the 18th century or so, in European gardens. However, in 1983, for me the 18th century was long ago, first hand twentieth century reports and knowledge about China were very scarce in Germany. This held true especially for all matters related to 19th and 20th centuries garden culture and open space development.

Flying in via Pakistan and across the Himalayas all over the vast western territories of China, along the Yangtse River into the increasingly populated areas of the Chinese East left me almost breathless for the huge differences at which I had a first glimpse through the aircraft window. After touch down in Beijing began a time of amazement and astonishment for what I saw and was shown to me by our Chinese hosts on our tour from Beijing to Xi'an, to

Luoyang, to Wuxi, Suzhou, Guilin, Guangzhou, and finally to Hong Kong. Sure, our Chinese guides time and again repeated: "To see something one time is better than to hear about it one hundred times." Maybe Dr. Zheng Dedong followed this idea as a joint Ph. D. student of Southeast University in Nanjing and the Berlin University of the Arts, when he spent a year in 2008 and 2009 in Berlin, Germany, also visiting other countries in Europe, such as The Netherlands, Poland, The United Kingdom, Italy, France, and Spain, to broaden his knowledge. True as that may be, the enormous cultural variety I encountered during my travels in China and on visits to some of its gardens left with me a deep longing to learn more in terms of scholarly evidence about what we had seen. This, however, was almost impossible, as no scholarly literature was available in German or English. With me this longing lasted and has only very partially been met by publications in recent decades. [1]Scholarship related to garden culture and open space development in 19th and 20th centuries in China and its exchange with Europe has remained seriously underdeveloped. This need not be so and I see a growing interest. [2]A few examples will suffice to support my view that many fields for scholarly research remain to be ploughed in terms of mutual influence of Chinese and European garden culture and open space development in 19th and 20th centuries. As always when one cuts through time in centuries, it is obvious that none of the meaningful events follows such timing. However, there are events which are close to it. For example, in 1792 and 1793 the King of Great Britain undertook an embassy to the emperor of China which significantly improved knowledge about China in Europe. [3] For research in terms of mutual influence between China and Europe

---

① See for example Stein, Rolf 1990: The World in Miniature, Container Gardens and Dwellings in Far Eastern Religious Thought, Stanford, California; parts of this book date back to articles published by Stein in 1943 and 1957. See also Clunas, Craig 1996: Fruitful Sites, Garden Culture in Ming Dynasty China, London, UK.

② See Gert Gröning, Stefanie Hennecke. 2009. Hwa Gye (화계) und Da Guan Yuan(大观园)—Beiträge zur koreanischen und chinesischen Gartenkultur. Universität der Künste Berlin, Berlin.

③ A German translation by Johann Christian Hütter "Reise der englischen Gesandtschaft an den Kaiser von China, in den Jahren 1792 und 1793. Aus den Briefen des Grafen von Macartney, des Ritters Gower und anderer Herren zusammengetragen von Sir George Staunton, Baronet, Sekretäre bey der chinesischen Gesandtschaft" was published in two volumes in Zurich, Switzerland, in 1798 and 1799.

in the course of the 19th and 20th centuries I suggest to start from here.

In 1834 the German state of Bavaria refered to the exemplary state constitution of China. China was described as a country "which is governed by the most absolutist governor... who is so much used to the precise observation of existing laws and morals, and is so remote from voluntary, personal interventions, that this country which by the way is so much different in every respect from all other countries, is more a country of legal freedom than of voluntariness". [1] Perhaps someone in Bavaria knew the line from a famous Chinese poem by Fan Chungyen (989-1052) about the construction of the Yueyanglou: "Be the first in worrying about the world's troubles, and be the last in enjoying its pleasures." So much respect credited to China was not ubiquitous in Europe. Rather other Europeans had already started to forcefully open China for trade. In the very same year 1834, from which my Bavarian reference dates, China was forced to allow trade with other countries to a limited extent, first in Guangzhou, Guangdong province. So, if Guangzhou has been a place for mutual influence between Europe and China in early 19th century what do we know about it in terms of 19th and 20th centuries garden culture and open space development? I am afraid we know nothing. And this is just one city in a country of more than one billion inhabitants, and there are many more cities, and many more provinces in China of which we Europeans know nothing or almost nothing.

From 1816 onwards the British East India Company had deliberately expanded opium export to China and thus turned many Chinese into opium addicts as well as corrupted many state officials through bribes. [2] After the imperial commissioner Lin Zexu (1785 – 1850) had forced the destruction of British opium supplies in Guangdong and made the British retreat, England in

---

[1]   Anonymous 1834: Ueber die Hindernisse der Landwirthschaft im Allgemeinen und besonders in Bayern. In: Wochenblatt des landwirthschaftlichen Vereins in Bayern, XXV, 13, pp. 194-208, here p. 208.

[2]   The British East India Company was in existence from 1600 to 1874. It had been founded by Queen Elizabeth I for the trade with East Asia. After the East India Act, issued by the British Government in 1784, Great Britain factually became the governing power in India.

1839 provoked the opium war which ended with the Treaty of Nanjing in 1842. Ever since the Nanjing treaty has been considered "unequal" in China, this treaty ruled the loss of the trade monopoly of Chinese merchants, the cession of Hong Kong, and its return to China in 1997. In terms of the field for mutual 19th and 20th century research in garden culture and open space development for the School of Design (SoD) at Southeast University Nanjing and the Berlin University of the Arts, I suggest the return of Hong Kong to China to mark the end for this period of research. It would set mutual research efforts in a 200 years time frame. For my involvement in the outstanding publication "The Integration of Arts: Comparative Study between Eastern and Western Landscape Garden in the View of Art" by Dr. Zheng Dedong, it is of special meaning that I happened to meet Professor Zhou Wu-zhong from Nanjing for the first time on the occasion of the International Horticultural Congress in Brussels, Belgium, in 1998.

The Treaty of Nanjing brought new opportunities for plant imports from China. For example botanist Robert Fortune (1813–1880) collected plants near Hong Kong and Guangzhou and had them shipped to England. [1]It appears Jean-Marie Delavay (1834 – 1895) was the only Jesuit missionary in China who evaluated the plants which he mostly collected in northwest Yunnan for their use in gardens. [2]As I know from personal experience in early 21st century the propagation of Rhododendron delavayi for use in public parks and private gardens has become a major branch of the nursery business in Yunnan. Were there any examples of the use of these plants as design elements in Chinese gardens? To look in Europe what happened to these plant introductions from China with respect to their use in gardens and parks over a period of 200 years could become a stimulating segment of research in garden culture and open

---

[1]   To India he introduced camellia as a tea plant and to Europe he introduced Anemone japonica, Jasminum nudiflorum, Weigela rosea, Dicentra spectabilis, Forsythia viridissima, Prunus triloba, Primula japonica, Cryptomeria japonica, Deutzia scabra, Sciadopitys verticillata, rhododendrons, azaleas, tree peonies and chrysanthemums; see Hadfield, Miles 1985: A History of British Gardening, Harmondsworth, Middlesex, UK, p. 327.

[2]   See Hadfield 1985, p. 404.

space development. ①Jesuit missionaries who had been active in 18th century China became active again in 19th century and collected plants which were cultivated in botanical gardens in Europe and from there made their way into nobility gardens and those of the gradually emerging grand bourgeoisie. Bianca Maria Rinaldi from the University of Camerino, Italy, has had a look at some of this in her book about "The 'Chinese Garden in Good Taste', Jesuits and Europe's Knowledge of Chinese Flora and Art of the Garden in the 17th and 18th Centuries" which was published as volume7 in the book series of the Centre for Garden Art and Landscape Architecture (CGL) at Leibniz University Hannover in 2006. ② Did any European garden design elements emerge in Chinese gardens, such as certain building features which showed up in Chinese houses? For example a European style door with a window and Venetian blinds as in the Yuxiulou, the house of the owner of Heyuan, in Yangzhou, Jiangsu

---

① See e. g. Carl Johann Maximowicz (1827–1891), Jean-Pierre Armand David (1826–1900) and others. Maximowicz was from the botanical garden in Saint Petersburg in Russia. He traveled to China several times between 1851 and 1869 and came back with reports about the flora in these countries; see Hogg, Thomas 1863: Correspondence, Extracts from Letter of Mr. Thomas Hogg, dated Kanagawa, Japan, Oct. 23, 1862. In: The Horticulturist, XVIII, pp. 67–68, here p. 68. For garden designers his name is preserved in species like Betula maximowicziana and Kalopanax pictus maximowiczii. Maximowicz had studied with the German traveller and botanist Alexander von Bunge (1803–1890) who since 1830 had been closely connected to a Russian clerical mission in Beijing and who developed a special interest in Chinese botany. One of the pine trees, Pinus bungeana, carries his name. For example, Incarvillea delavayi, a perennial widely known in China, Tibet and Turkestan, and widely cultivated in Europe also, not only connects to 18th century Pierre-Noël D'Incarville but also to Jean-Marie Delavay (1834–1895) a 19th-century Jesuit in China. Paul Guillaume Farges (1844–1912) traveled in northeastern Szetchuan between 1892 and 1903. His name is commemorated in Decaisnea fargesii, a rare shrub in German gardens, as it is not hardy enough for the cold winters here.

② She recently added another book about gardens in China which includes early 21st century examples, see Rinaldi, Bianca Maria 2011: Der Chinesische Garten, Basel.

province. Inspite of several acts of European barbarism①, China started a thirty years program "Learning from the West and from the foreigners" for most of the rest of the 19th century, between 1860 and 1890 roughly. My questions for mutual research in this respect are: Would all this go without any reports about garden culture in Europe? Were there any reflections on gardens in Europe within the movement "Learning from the West and from the foreigners"?② Who wrote them? Where are they? Did any of the Westerners who then worked in China write about gardens and parks in China?③ On a recent visit to the Bardini Garden in Florence, Italy, which had been remodeled in late 19th century I "discovered" a Chinese dragon, a Bixi. Dr. Zheng Dedong is an expert

---

① In Shanghai, the exterritorial areas of the European nations were located just north of the old Chinese city which included 16th century Yuyuan. The Yuyuan was built between 1559 and 1577 by Pan Yunduan, a high ranking Ming dynasty official. In the course of the 19th century the Yuyuan saw several uprisings against the European colonial powers. Would neither Chinese nor Europeans have had any thoughts about this garden during those years which wait to become unearthed in archives in China and Europe? After the second opium war broke out in 1865 England and France exploited the ongoing weakness of the Chinese central government to enforce in the Tientsin treaty of 1858 the accreditation of envoys at the imperial court in Beijing, free travel for merchants and missionaries, and the opening of more harbors to foreign trade. As the Chinese government was reluctant to ratify this treaty British and French troops invaded China in October 1860 and destroyed the unique gardens and palaces at the Yuanmingyuan, to the north of Beijing. This included the small section of the European gardens in Yuanmingyuan which had been laid out by the French botanist Pierre-Noël (Nicholas) D'Incarville (1706-1757) who had spent most of his time between 1740 and 1756 in Beijing and which Giuseppe Castiglione (1688-1766) had drawn.

② Yan Fu (1853-1921), was a famous 19th century translator of Western books into Chinese; see also Ssu-yü Teng and John K. Fairbank 1979: China's Response to the West: A Documentary Survey 1839 -1923, Cambrigde, Massachusetts. For early 21st century see e. g. Shimin Liu 2006: Developing China's future managers: learning from the West? In: Education and Training, 48, 1, pp. 6-14.

③ For example I wonder if staff from Siemens Brothers in London and Siemens &. Halske in Berlin who saw huge business opportunities for telegraph lines in China in late 19th century had more than telegraph lines in their minds and enjoyed visits to the gardens in China also; see Mielmann, Peter 1984: Deutsch-chinesische Handelsbeziehungen am Beispiel der Elektroindustrie 1870-1949, Frankfurt am Main; in 1872 Siemens Brothers in London wrote to Siemens &. Halske in Berlin: "Die elektrischen Uhren betreffs derer wir bei Ihnen anfragten sind für China bestimmt... Es scheint, daβjetzt... die Chinesen selber anfangen, sich mit den Erfindungen der Europäer vertraut zu machen und sie dann auch gebrauchen. Unsere Zeiger-Apparate und verschiedene andere Sachen, die wir probeweise unserem Agenten in China zugesandt haben, haben bereits allgemein Beifall gefunden; und sollten die Chinesen anfangen, selbst Telegraphenlinien anlegen zu wollen, ist es von ungeheurer Wichtigkeit, von Anfang an das Terrain besetzt gehalten zu haben... Wie groβe Aussichten das enorme Reich bietet, wenn einmal der Anfang gemacht wurde, liegt auf der Hand".

on Bixis. I would like to continue him with his research. How was the connection from Florence to China? Who had an interest in it? Who are the Chinese who shared their garden knowledge with the 19th century Italians? The Englishman Reginald Farrer (1880–1920) who converted to buddhism collected plants in China and Birma from 1914 until his death in 1920. ① Farrer was instrumental for the design of rock gardens within gardens in England and elsewhere in Great Britain. In 1919 he published the book "The English Rock Garden". He may have seen the famous rockery in the Daming Monastery Park in Yangzhou which Professor Zhou Wuzhong explained to me on the occasion of my visit to Nanjing some years ago. What are the connections between the European interest in rock gardens and the perception of rockeries in gardens in China? This brings me to 20th century aspects of garden culture and open space development, and many more questions for mutual research come up. For example, were the plants "discovered" by Europeans in China of any interest in Chinese gardens? How "new" were these plants to Chinese scholars? How did co-operation for plant identification between Europeans and Chinese work?

The chaotic situation in early 20th century China②did not prevent the German garden architect and dendrologist Camillo Schneider (1876–1951) to visit West China in 1913. He had come to collect plants for the Späth nursery in Berlin, then probably the largest worldwide. For that Schneider had been in

---

① Potentilla farreri became a frequently used shrub in private gardens and public parks in Europe in the course of the 20th century.

② On 10th October 1911, fairly precisely 100 years ago, the Hsinhai revolution, started against the imperial government in China. It ended on 29th December 1911 with the proclamation of Sun Yat-sen (1866–1926) as provisional president for the establishment of the Republic of China in Nanjing. Only two months later in 1912 Sun Yat Sen stepped back from office and civil war began to sweep China, wide areas of which became occupied by Japan on top of all of this until the end of World War II. Sun Yat-sen was born in 1866 to a land owning farmer family near Guangdong. From 1879 to 1882 he had attended an Anglican boy school in Honolulu, Hawaii, and there got in contact with western, especially Christian influence. In 1892 he graduated with a diploma from a medical school in Hong Kong and continued to work as a doctor in this city. Soon he engaged in activities which ultimately led to the toppling of the imperial Qing dynasty. An attempt in 1895 proved a failure. He then left China and on worldwide travel looked for support of his ideas by Chinese abroad. During his travels he read the works of Karl Marx (1818–1883) and of the American economist Henry George (1839–1897) which deeply influenced him. In 1905 he founded a revolutionary association in Japan and simultaneously developed his political ideas, based upon the three principles of nationalism, democracy, and livelyhood security of the Chinese.

contact with the eminent Chinese scholar Hing Kwai Fung. Hing Kwai Fung had offered Schneider help with "an immense amount of Chinese literature bearing on botanical subject recording origin habitat and economical uses of plants which may serve as a source of information". ①In July 2011 I have been lucky to visit, with the help from Zhao Dake, a scholar of the Kunming Botanical Garden, an area where Schneider discovered on 4th October 1914 a new Alnus species on the slopes of Spring Mountain, Cangshan, near Dali, Yunnan province. ②For almost five decades in 20th century, between 1930 and 1980, Marxism-Leninism became a most influential European philosophy in China. It should become shouldered by Chinese "workers, farmers, and soldiers", as Lin Biao, the then minister of defense, wrote in his preface to the "Quotations from Chairman Mao Tse Tung" published in 1964. ③Then from 1966 to 1973 almost all international connections to China had been interrupted during "the great proletarian cultural revolution", led by Mao Tse Tung (1893-1976). Has there been no garden culture and open space development in those decades? Recently and again with the help of Professor Zhou Wuzhong I had the opportunity to see a new park addition to the Caishiji in Maanshan, Anhui province, with a clear reference to Mao Tse Tung. There is only very scarce research available with respect to this 20th century period in China. One of the few examples I know of is a study by Zhao and Woudstra about "Dazhai, Mao Zedong's Revolutionary

---

① Hing Kwai Fung, letter to Camillo Schneider of 16th June 1913, p. 1. As a foreigner Schneider could not continue his research in China after the outbreak of World War I in 1914. He managed to get out of China and in 1917 published a few articles about new Chinese trees and shrubs such as Alnus, Clematis, Deutzia, Spiraea, Mahonia, Malus, Salix and Sorbus in the American journal "Botanical Gazette"; see Schneider, Camillo Karl 1917: Arbores Fruticesque Chinensis Novi-I. In: The Botanical Gazette, 63, pp. 398-405; Schneider, Camillo Karl 1917: Arbores Fruticesque Chinensis Novi-II. In: The Botanical Gazette, 63, pp. 516-523; Schneider, Camillo Karl 1917: Arbores Fruticesque Chinensis Novi-IV. In: The Botanical Gazette, 64, pp. 137-148. It appears part III has not been published.

② In 1917 Schneider described the tree as "Alnus (subgenus Cremastogyne [Winkl.] Schn.) Ferdinandi-Coburgii"; see Schneider, Camillo Karl 1917: Arbores Fruticesque Chinensis Novi-IV. In: The Botanical Gazette, 64, pp. 137-148, here p. 147. Schneider also wrote about his travel in China in 1915 and 1916; see Schneider, Camillo Karl 1916: Im fernen Westen Chinas, Reiseschilderungen, Westermanns Monatshefte, Sonderdruck für die Dendrologische Gesellschaft zur Förderung der Gehölzkunde und Gartenkunst in Österreich-Ungarn, Braunschweig. See also Schneider, Camillo 1915: Ein Bericht des Generalsekretärs Camillo Schneider, Mitteilungen der Dendrologischen Gesellschaft zur Förderung der Gehölzkunde und Gartenkunst in Österreich-Ungarn, 10pp., Vienna, Austria.

③ Lin Biao 1967: Vorwort, Worte des Vorsitzenden Mao Tse-Tung, p. II, Peking.

Model Village" published in "Landscape Journal" in 2007. ① From the 1980s onwards a number of books appeared, exhibitions were mounted and accompanying catalogs about China and Europe were published which mostly refered to pre-republican China some even included aspects of garden culture. ② These books celebrated the old art of gardens in China and these gardens certainly are unique and great works of art. ③ However, neither Keswick nor Beuchert, nor the exhibition and catalog makers wanted to learn anything from the political change which had taken place in China since 1911 and more so since 1949 and the ensuing changes in garden culture and open space development. ④ In view of the complex cultural and spatial dimensions in China, present-day knowledge about 19th and 20th century changes in garden culture and open space development and their mutual relationships between Europe, Oluzhou, and China, must still be seen as extremely thin and fairly unsubstantiated. From this perspective and given that I do not have even the slightest facility in Chinese it may appear overarching to even start an attempt to reduce these huge knowledge gaps. But let us begin.

And here is a beginning. It is Dr. Zheng Dedong's book "The Integration

---

① Zhao Jijun and Jan Woudstra 2007: 'In Agriculture Learn from Dazhai': Mao Zedong's Revolutionary Model Village and the Battle against Nature. In: Landscape Research, 32, 2, pp. 171–205.

② When China opened again to Westerners in the second half of the 1970s Maggie Keswick whose father had been the president of the Chinese-English trade council and whom she had accompanied on many of his visits to Chinese gardens published in 1978 her book "The Chinese Garden". In Germany followed "Die Gärten Chinas", the gardens of China, by Marianne Beuchert in 1983. For exhibitions and catalogs see for example Staatliche Schlösser und Gärten (ed.) 1973: China und Europa, Chinaverständnis und Chinamode im 17. und 18. Jahrhundert, Ausstellung im Schloo Charlottenburg, catalog, Berlin; exhibition and catalog 'Europa und der Kaiser von China' 1985; 'Palastmuseum Peking Schätze aus der verbotenen Stadt, 1985;' Im Schatten hoher Bäume Malerei der Ming- und Qing-Dynastien' (1368–1911); Walravens, Hartmut 1987: 'China Illustrata', Das europäische Chinaverständnis im Spiegel des 16. bis 18. Jahrhunderts, Ausstellungskataloge der Herzog August Bibliothek Nr. 55, Wolfenbüttel; Butz, Herbert 1989: Die Südreise des Kaisers Qianlong im Jahr 1765, Museum für Kunsthandwerk Frankfurt am Main (ed.), Frankfurt am Main; Li, June and James Cahill 1996: Paintings of the Zhi Garden by Zhang Hong, revisiting a seventeenth-century Chinese garden, Los Angeles County Museum of Art, Los Angeles, California. This exhibition was also shown in the Museum für Ostasiatische Kunst in Berlin, the catalog was printed in English only.

③ So did contributions published in the journal "Studies in the History of Gardens &. Designed Landscapes", see e.g. volume 31, 2011, no. 1, and Volume 25, 2005, no. 3.

④ In 1923 already Reichwein in Germany had pointed to the only seemingly "'celestial' order of the Chinese empire"; see Reichwein, Adolf 1923: China und Europa, Berlin.

of Arts: Comparative Study between Eastern and Western Landscape Garden in the View of Art". Dr Zheng Dedong opens a broad perspective into some of these issues. He starts with differences in perception and emotional differences and how they may contribute to ideal garden design. With his interest to trace the meanings of folklore, myth, and enlightening for garden design Dr Zheng Dedong delves into what to me appears a wholly unknown universe of Chinese culture. So is it with his unique approach to address issues of music and gardens as two different and mutually influencing art systems. This continues with Dr. Zheng Dedong's attempts to link poetry and garden art as well as painting and garden art. The temporal range of Dr Zhen Dedong's book covers four centuries and I am sure this will stimulate many more studies which develop these relationships with the many resources Chinese culture has to offer. European scholars who become aware of the cultural wealth embedded in European history occasionally refer to the Latin words "ars longa, vita brevis" which have been translated from original Greek. The words are the first two lines of the "Aphorisms" by the ancient physician Hippocrates (469 BC – 370 BC). They indicate that life is too short to embrace all of art. I assume there is a comparable phrase for this insight in Chinese. In spite of this I wish Dr. Zheng Dedong's seminal book a wide readership and that some of the readers will continue to do research along his lines of thinking.

Gert Groening, Berlin, 16th April 2014

自序

循梦宛入伊甸园，举首似现广寒轩。

信步遥入宁芬堡，回眸又见圆明园。

孩提时最期待的事情，莫过于暑假到来，父亲带我去旅行。名山大川、历史遗迹、名人故居、艺海沉钩。及至小学毕业，大半个中国在我脚下走遍。美景万千，刻在脑海中、印在旧照片上。母亲笑问我在想什么，其实我只是不明白，为什么狮子林的假山让我情不自禁想住在里面戏耍，为什么在颐和园里划船让我觉得世界很遥远，为什么蓬莱岛上的景观让我感觉像在飞……也许恰怀着这样的问题，让后来的我与景观、与艺术结下了不解之缘。而这样一个大大的问号也成为我反复思量、研究探索的重要部分。中学后，父亲变得严厉很多，也很少带我出去旅行了，多年的积习令我不能自已，每每自筹薄资苦旅以为乐。博士期间师从周武忠教授更访遍旅游胜地，同时主持或参与设计规划若干景观项目，后又幸得国际城市景观与园艺协会主席 Gert Groening 教授垂爱，赴德国柏林艺术大学进行博士的联合培养项目。两年间遍访欧洲诸国，徘徊于欧洲大陆诸景观与博物馆、图书馆之间。及至工作以后，东南大学基于教师发展理念又选派我相继前往美国麻省、宾州等地大学访问学习、考察调研，得以搜集大量一手资料，为本书的完成提供了一系列优势条件。2013 年 3 月起至今与东南大学齐康院士合作进行的博士后研究，仍是基于博士论文中的后续研究（扩展到城市景观与城市雕塑领域），其中的许多研究内容亦成为本书的研究补充。

这篇书稿的主体部分形成于我在欧洲游学之时，当我跨过雅典的神庙、格拉纳达（Granada）的红狮堡、巴黎的凡尔赛宫、伦敦的英国皇家植物园（Kew Gardens，亦译作"丘园"）……一次一次，心中激起无限的玄想，如果真是神奇的造物主创造了这一切，那他会是多么伟大，然而我却是如此的渺小，仅能借由现象去理解他通过人民的双手创造出的令人惊叹的美。于是人民、人民所处的社会、社会中发生的艺术、艺术影响下的民俗情境等等，就成为我借以窥探景观园林之秘的窗口。所幸德索尔先生创立了宏观的一般艺术学科学研究方法，赠予我研究的通道，借由中外学者的诸多理论慢慢形成了这样一篇仓促鄙陋的书稿。

这部书稿几经修改，终于在院长的帮助下，在"六朝松文库"的出版基金资助下完成，得以有机会面世。东南大学有"止于至善"的校训，愚既蒙幸任教于斯，更不能不遵训以是。更兼此书为我的第一本著作,唯有竭力将之完善才不至汗颜。由于一直不能至善而未能停止修改,因而一拖再拖,以至于在出版社的张仙荣老师再三催促之下,才不得不结束批阅。虽不能尽善尽美,但仍谨以此凝结心力、饱含热情的首部书稿作为对父母言传、恩师教导、领导期许、单位栽培的一份回报。

云介

2014 年 3 月 于九龙湖畔

目　录

绪　　论

　　中国园林与欧洲园林作为东西方景观艺术的代表,在世界景观体系中占有举足轻重的历史地位与艺术地位。它们在各自的造园发展史中,虽然也有过相互交流和借鉴的情况,但在整体上却始终保持着自己的特色稳步前进。"究竟是什么造成了这种相对稳定的艺术差异?""我们又该如何去解读这些细微的园林元素?""表象的不同又能给我们一些怎样的启示?""在园林的发展过程中,是什么在潜移默化地作用着?"……长久以来这些问题都困扰着我们。尤其是在18世纪以后,园林艺术被有关人士给予了越来越多的关注——西方从早先的庭园术(Garden Craft)延伸出了园艺(Gardening)、风景园(Landscape Garden)、园林艺术(Garden Art),以及美国景观建筑(Landscape Architects)之父,奥尔姆斯特德(F. L. Olmsted)在1858年提出来景观建筑;在我国,景观园林,也从早先的园林图志书、工匠技法篇,发展出了各种艺术理论,成为艺术设计的门类之一。因此,关于园林的特色和差异化问题,已成为艺术研究中不可忽略的一部分。

　　但是,多年来的理论资料表明,目前对此问题的研究,大多停留在艺术构成元素的比较、艺术与传统的比较、艺术与政治的关系、艺术与文化的关系等,基本上都是从自身的艺术模式上寻求问题答案。也许我们能够从其他艺术门类中、整体的艺术背景中,找到园林艺术差异化的根本,进而找到艺术研究新的突破口。海德格尔在《林中路》中,有对"走向语言之途"的诠释:"再次我们要斗胆一试某种艺术寻常的事情,并用以下方式把它表达出来:把作为语言的语言带向语言(Die Sprache als die Sprache zur Sprache bringen)。这听起来就像一个公式,它将为我们充当通向语言的道路的引线。"①言下之意,语言,如果仅仅关注其自身,那么其特性则无法为人所知,要通过语言带向语言,才能获得"引线"。

　　艺术亦如是。马克思曾讲"艺术是人对世界一种特殊的掌握方式"②,是传播性的(在这一点上与语言是相同的)。艺术学理论历来主张研究思维的创新性。这些都使笔者很早就明白到:如果仅仅孤立地关注艺术门类自身,其特性也许永远知之不全。所以,既然艺术与语言在这个领域彼此近义,我们或可借助海德格

---

① [德]海德格尔.海德格尔存在哲学[M].孙周兴,等,译.北京:九州出版社,2004:379.

② 马克思,恩格斯.马克思恩格斯选集:第二卷[M].2版.中共中央马克思恩格斯列宁斯大林著作编译局,译.北京:人民出版社,1995:104.

尔研究模式,通过一种"由艺术带向艺术"的了解模式,通过对整个艺术背景的了解和比较,来把握艺术自身的特性、各自的发展规律,以及相互的关系,从而很好地了解中西方园林景观艺术的差异性根源。

艺术作为人类自我意识的特殊活动,审美是其具有特殊性的根本原因。艺术创作美学认为,情感与形式感是整个审美细胞的两极。而情感和形式感又不是天生具有的,是在所处环境中培养出来,这个环境最具影响力的就是其所处的艺术背景。这个艺术背景,主要包括同时代的社会意识导向、艺术观念流变、当时的艺术门类的衍生与影响、艺术批评状况以及艺术交流等层面。毫无疑问,最能刺激艺术家"审美细胞"发展的也恰是其艺术背景。因此这个艺术背景就是本书的核心"阴影补偿理论"(本书第二章引出)的研究对象——通过对中西不同艺术背景的比较,揭示"阳光""云团""云层"与"阴影"的逻辑关系,拓展出中西方园林景观艺术差异的研究,而不再把园林艺术看成一个自足圆满的系统,或是仅从文化、政治方面诠释就足够的门类本体。本次研究可作为门类艺术研究观念转变的破冰之旅的一次尝试。

另外,本书以中西方园林景观艺术发展比较与关系研究为论题主要还出于两个基础:

第一,有关中西方园林景观艺术的资料,艺术学、美学的资料都相对较为丰富。

首先,古今中外,皆有园林艺术相关的论著,其中包括单述东方园林艺术、西方园林艺术,以及东西方园林相关的论著,而大多数对园林史、园林构成要素分析方面的理论已经比较成熟,这就给笔者后面专门针对"发展比较与关系研究"的研究课题给予了较丰富的理论平台。如国内方面相关的古、近代文献资料有:午荣[明]的《鲁班经》、计成[明]的《园冶》、文震亨[明]的《长物志》、李渔[清]的《闲情偶记》、近代刘敦桢的《苏州古典园林》、刘先觉和潘谷西合编的《江南园林图录》等,当代园林的著作更是不可计数;而国外方面除了景观建筑、园林园艺的经典著作,除了日本的《作庭记》、Julia S. Berrall 的 *The Garden: An Illustrated History*、John Dixon Hunt 和 Peter Willis 的 *The Genius of the Place: The English Landscape Garden*、William Chambers 的 *A Dissertation on Oriental Gardening* 之外,还有如 Elisabeth B. MacDougall 的 *Fountains, Statues, and Flowers: Studies in Italian Gardens of the Sixteenth and Seventeenth Centuries (Dumbarton Oaks Other Titles in Garden History Series)*、Georges Lévêque 的 *Marie-Françoise Valéry. French Garden Style*、Filippo Pizzoni 的 *The Garden: A History in Landscape and Art*,等等。

其次,艺术学、美学、各艺术门类学自身资料也都比较丰富,可供利用的资源比较多,从黑格尔的《美学》、John Hospers 的 *Artistic Expression* 到凌继尧教授的《西方美学史》,再到叶朗的《中国美学史大纲》、宗白华的《天光云影——美学散步丛书》,以及作为一般艺术学经典的 Max Dessoir 的 *Ästhetik und Allgemeine Kunstwissenschaft* 和 Ernst Grosse 的 *Die Anfänge der Kunst* ……除了对所有艺术形式的通用理论之外,其中还有许多内容也都专门涉及了园林艺术的研究,为园林艺术与美学方面和艺术共性的联系研究提供了有利条件。

但是,从尽可能搜集的第一手材料中不难发现,专门以园林存在的艺术背景以及艺术背景与园林发展的相互关系为研究对象的学术成果极为有限。尽管近些年对一般艺术学学科专业研究特性的不断强调,使"打通"性相关研究稍微增多,但可发展空间仍然很大。而涉及园林艺术与其他艺术门类的关系研究则几乎是空白。归纳下来有如下几类:

① 对园林构件、结构、艺术思路的诠释,如前面提到的清代李渔的《闲情偶记》、明代午荣的《鲁班经》、计成的《园冶》、文震亨的《长物志》、近代刘敦桢的《苏州古典园林》、刘先觉和潘谷西合编的《江南园林图录》、Nigel Dunnett 等人编写的 *Rain Gardens:Managing Water Sustainably in the Garden and Designed Landscape* 等。

② 关于园林、建筑布局规则、造园方法的著作,如吴肇钊的《夺天工:中国园林理论、艺术、营造文集》、布鲁诺·塞维的《建筑空间理论》、Jack E. Ingels 的 *Landscaping:Principles and Practices*、Charles W. Harris 等人撰写的 *Timesaver Standards for Landscape Architecture:Design and Construction Data*。

③ 园林艺术历史与园林风格的著作,如周维权的《中国古典园林史》、李浩的《唐代园林别业考录》、王其钧的《北京皇家园林》、楼庆西的《中国园林》、朱建宁的《情感的自然:英国传统园林艺术》等。

④ 园林文化、美学等方面的研究,如陈从周的《看园林的眼》、孙小力的《吴地园林文化》、赵春林的《园林美学概论》、居阅时的《弦外之音:中国建筑园林文化象征》、刘晓惠的《文心画境:中国古典园林景观构成要素分析》、王受之的《骨子里的中国情结》、朱铭的《壶中天地:道与园林》、许金生的《日本园林与中国文化》、王毅的《翳然林水:棲心中国园林之境》、王向荣的《理性的浪漫:德国传统园林艺术》、John Dixon Hunt 和 Peter Willis 的 *The Genius of the Place:The English Landscape Garden*、德国东亚艺术史研究所(Institut für Kunstgeschichte Ostasiens)的 *Die Kunstgeschichte Ostasiens im Deutshprachingem Raum* ……虽然涉及了园林文化、美学等方面的研究,但也仅止于此,没有再深入进去。

所以,虽然关于本论题的深入研究不多,但在如此丰富的理论背景支持下,应当说圆满完成新论题的研究工作是具有极大可能性的。

第二，从艺术背景角度研究园林艺术的中西方比较专著却极为有限。马拉·米勒(Mara Miller)1993 年撰写的文艺散论《作为艺术的园林(Garden as an Art)》虽然曾经就园林角度涉及了小部分的园林艺术环境阐述，也提到了"园林大艺术"的概念，但是可惜戛然而止，并没有深入研究分析园林大艺术语境的因果内容；同时也没有从园林系统差异与艺术背景环境关系方面给予阐释。但是，少量的中西方比较论著给予了本书极大的启示。

① 中西方园林景观艺术之间的相互影响及特色辨析式的研究论著，如周武忠教授的《寻求伊甸园——中西古典园林艺术比较》、甘伟林的《文化使节：中国园林在海外》以及艾定增的《景观园林新论》。

② 部分专题研究以及尝试性的探索给予了本书许多启示，如：比较研究方面，孔新苗和张萍合写的《中西美术比较》、聂振斌的《艺术化生存：中西审美文化比较》、魏明德的《天心与人心：中西艺术体验与诠释》、刘天华的《凝固的旋律：中西建筑艺术比较》、甄巍的《油彩与水墨：中西绘画艺术比较》、Jed Jackson 的 *Art：A Comparative Study*、Michael Sullivan 的 *The Meeting of Eastern and Western Art*；园林形式与情感方面，朱建宁的《情感的自然：英国传统园林艺术》、王向荣的《理性的浪漫：德国传统园林艺术》、James Hall 的 *Illustrated Dictionary of Symbols in Eastern and Western Art*；其他门类艺术方面，沈仁康的《诗意美及其他》、杨乃乔的《悖立与整合：东方儒道诗学与西方诗学的本体论、语言论比较》、邢维凯的《情感艺术的美学历程：西方音乐思想史中的情感论美学》、管建华的《音乐人类学导引》和李诗原的《中国现代音乐：本土与西方的对话》、Péter Egri 的 *Literature，Painting and Music：An Interdisciplinary Approach to Comparative Literature*、E. Lippman 的 *A History of Western Musical Aesthetics*；民俗文化方面，陶思炎教授的《应用民俗学》、张岂之的《中国传统文化》、丁枫的《西方审美观源流》、Allen Carlson 的 *Aesthetics and the Environment：the Appreciation of Nature，Art and Architecture*、Alexander Sissel Kohanski 的 *The Greek Mode of Thought in Western Philosophy*；与艺术创作有关的，如陈望衡的《艺术创作美学》；文化融合方面，何兆武的《中西文化交流史论》、Helen Gardner 等人的 *Gardner's Art Through the Ages：The Western Perspective*……都使本书在思路的形成上获益匪浅。

③ 文献材料方面，鉴晔的《中国古代诗词分类大典》、曹林娣的《苏州园林匾额楹联鉴赏(增订本)》、俞剑华的《中国画论类编(上下册)》、沈子丞的《历代论画名著选编》、文化部文学艺术研究院音乐研究所编写的《古代乐论选辑》、英国拜利的《音乐的历史》、芭芭拉·阿布斯的《荷兰与比利时园林》、朱建宁的《户外的

厅堂:意大利传统园林艺术》、E. Olson 的 *Aristotle's Poetics and English Litera-ture*、Kathleen Freeman 的 *Ancilla to the Pre-Socratic Philosophers*: *A Com-plete Translation of the Fragments in Diels* 等,则为本专题提供了珍贵的资料,同时也为本专题树立了多方视角。

④ 此外,许多优秀的文章也给本书许多帮助,如周武忠教授的《中国古典园林艺术风格的形成》《园林:一门独特的艺术——著名科学家钱学森的园林艺术观》,张中秋和王朋的《中西长子继承制比较研究》,于宝华的《周代宗法制度研究》,张振中的《中国农民崇天、敬祖的天命观》,李西安、谭盾等人的《现代音乐思潮对话录》,强昱的《道教心学的精神气质——以〈内观经〉为核心的考察》,以及 Joanna Fortnam 的 *Color Your Word* 等。

无须讳言,以动态的眼光来看待中西方园林景观艺术发展比较方面的专著其数量确实有限,遗留问题也还有许多。这些专题研究的数量现状与其在园林艺术发展史上所起到的重要作用是很不相称的。而中西方园林景观艺术发展比较与关系研究颇为复杂,彼此联结千丝万缕,这就要求我们做研究时不能仅仅站在园林艺术的一席之地,同时要兼而研究文化根源、艺术背景(如绘画、音乐、诗歌、宗教与神话、艺术批评)以及它们之间相互的融合与碰撞。这也恰恰符合了作为一般艺术学所提倡的"打通"研究,从而与艺术学的宏观研究宗旨不谋而合。

而本研究的难点和重点方面则表现在:

① 以园林艺术为立足点,囊括了绘画艺术、诗歌艺术,以及各类与其相关的民俗、神话、宗教、美学等艺术背景。这就导致各种史料颇为广泛繁复,因此前期的搜集、研阅和消化筛选的工作耗费了很大的精力。笔者制订了严格的工作计划,分门别类地整理并进行了有序的梳理,尽可能地在搜集的众多资料中拣选出最能反映问题实质的典型。

② 本书基于中西方各门类艺术的比较与研究的理论基础和观察视角,向笔者提出了多种学科理论素养和深入了解中西方背景的要求,需要笔者在整理研究对象资料的同时,站在原有理论基础上继续钻研门类艺术的研究成果及研究方法,关注其研究前沿。为此,笔者长期在欧洲学习考察,有机会了解并相对深入地触及本书所涉及的研究核心。

本书行文所使用的研究方法

本书主要是针对园林艺术的生成环境进行比较研究,得出中西方园林景观艺术的异化规律,因此,比较学方法将成为本书的主要研究方法。

比较方法是多元的,主要有三种层次:一是适用于一切科学文化研究的方法,即哲学方法;二是适用于比较研究的普遍方法,即一般研究方法;三是仅适用于一门或者几门的特殊比较方法。

1. 哲学方法,包括通过看到对立而统一的两个方面的辩证方法、通过历史发展和存在进行研究的历史唯物主义方法以及逻辑的方法。即:要以确定的标准在同一层次、方位和关系下进行比较;要注意从"异"中识"同"、从"同"中辨异,而能在其不相似的对象中识"同",或在极相似的对象中辨"异",则更富有意义;要从对象普遍的、多样的联系中去全面地比较、分析各种条件,遵从唯物辩证法的基本规律和范畴。

2. 一般比较研究方法包括:① 同类比较和异类比较,② 纵向比较和横向比较,③ 宏观比较和微观比较,④ 直接比较和间接比较,⑤ 综合比较。

3. 特殊比较研究方法包括:① 影响研究,② 历史比较,③ 平行研究,④ 关联比较。

其中,本书除哲学方法外,所应用的比较研究方法主要有:

① 同类比较,是比较两种或两种以上同类对象进而认识其相异点的方法,即同中有异;异类比较是比较两种或两种以上异类对象而认识其相同点的方法。

② 纵向比较,是比较一类或同一对象在不同时期的发展变化的方法,这类比较可使我们追溯事物发展的历史渊源和确定事物发展顺序;横向比较,是对不同对象在同一标准下进行比较的方法,进行这种比较的不同对象应是有联系的或互有影响的。这两种比较是贯穿本书的一条主要研究方法线。

③ 宏观比较,是在一个较大的范围内对对象进行整体比较的方法,可以对对象有个全面整体的认识;微观比较,侧重于局部、部分的研究。

④ 直接比较,通过对两种或两种以上对象的研究直接确定其异同的方法;间接比较,通过中介物确定两种或两种以上对象异同的方法,这也是本书重点使用的研究方法之一。

⑤ 综合比较,运用多元方法进行多方面、多角度的综合比较研究,于本书第1、2、4、5 章多有运用。

⑥ 影响研究,通过研究客观存在的联系,整理并分析业已发现的客观联系的材料,从流传的起点寻找抵达终点的迹象和媒介,这一方法在第1章和第4章的研究中,尤为重要。需要指出:横向比较与影响研究不同,前者比较对象是有联系或相互有影响的,而且必须处于同一历史时期;后者则不限定于同一历史时期。

⑦ 平行研究,对相互无实际接触与影响的不同文化系统的文学或美学进行比较,以研究其同异及其原因,找出它们平行发展的特性与内在规律。这一研究

方法,主要应用于本书第1、2、3、4章。

⑧ 关联比较。在本书中,园林艺术与美学、心理学和文学艺术等有着密切的联系,关联比较即是指它们相互之间的比较。这一研究方法主要应用于本书第1、2、3章。

此外,还部分地用到的研究方法有:社会学方法(第1、4章)、实验方法(第1、2、5章)、符号学方法(第3章)、解构方法(第2章)等。

本书将借助景观园林学的理论,在上述研究方法的基础上,通过各种实地、实例考证和基础论证、高阶论证相结合的研究方式,并以园林艺术为关键汇合点,穿插进行纵向类别比较与横向的中西比较,形成"井"状的网式分析手段。资料主要包括:

① 中国古典园林景观艺术文献中先贤的相关专著和论文。

② 西方古典园林景观艺术文献中先贤的相关专著和论文。

③ 与园林景观艺术有关的中国古代文人的诗词、小说、楹联、题额、散文、文论、曲谱等。

④ 与园林景观艺术有关的西方古代文人的笔记、小说、诗歌、歌集、文集、日记、工程说明等。

⑤ 与园林景观艺术有关的中国山水画论、画评、画题。

⑥ 与园林景观艺术有关的西方风景绘画理论。

⑦ 与园林景观艺术有关的中西方古典音乐理论。

⑧ 与园林景观艺术有关的中西方民俗与神话。

本书的体例与构架

本书将从一般艺术学的角度,以"先横后纵"的"井"式比较来对各个因素进行分章论述,在行文中指出彼此的联系以及其与园林发展的关系。

全书由"绪论+五章内容+结语"构成。

绪论指出本书的主导观念与研究方法。

第1至4章为全书的主体部分。其中第1章主要引题和铺垫,通过对意识源流的追溯,将园林景观艺术置于一个大环境之下,分别从中西方艺术的"感知差异""情感差异""想象差异""理想差异"为整个论题的论述铺设条件,来完成中西方园林景观艺术的比较研究。此章通篇为纵比。

第2章以艺术观念的形成比较为核心。开篇提出了贯穿全书的核心精神——"阴影补偿",以理论化的形式解释为什么要以宏观艺术学为出发点对中西方园林景观艺术进行纵向的比较。通过阐述"云团"与"云层"异同关系,并顺理成章地过渡到云层的研究内容上来,并针对哲学观与中西方园林景观艺术,以及民俗神话与中西方园林景观艺术两部分,分类诠释艺术观念在中西方园林景观艺术中的投影。其中,分别以西方园林景观中的雕塑和中国园林艺术中的布局为例,进行了详细阐述,每节依然遵循先横后纵的比较规律。

第3章作为另一个显著"云层"也成为文章的重点之一,通过透析中西方园林景观艺术发展过程中与门类艺术的融通关系,从而进行中西方园林景观艺术的比较研究。该章分为3节,选取典型的门类艺术之一的音乐和雕塑作为研究对象,推一而万,窥一斑而知全豹,追寻中西方园林景观艺术在门类艺术作用下的异化规律。第1节通过音乐对园林艺术元素关系论,遵循先横后纵的比较规律,逐一将动机、节奏、节拍、曲式作为切入点;第2节则就音乐的副产品——歌曲,作为声乐与诗歌结合体的音乐特例进行了补充说明;第3节通过雕塑与景观的艺术关系,以"赑屃"为例,引发思考。在最后的小结中,叙述了在门类艺术融通研究中文章之所以选择音乐、雕塑艺术作为例子的原因,并重申重点,予以提纲挈领。

第4章,作为变化的"云层",以动态的眼光研究艺术批评在中西方园林景观艺术中起到的发展导向作用。全章分为4节。首先分析了艺术批评与园林艺术的对立统一关系。其次叙述了以诗歌文学为主导的东方园林的艺术批评和以设计师行会、业内刊物为主导的西方艺术批评体系,其中包括园林的改良、艺术形象的变迁,以及园林创作者的文化地位的改变。在论证了艺术批评与园林艺术之间的关系之后,进一步通过对中国园林的艺术批评主体和西方园林艺术批评的主导方式的比较,对两者的发展本质进行了深入探讨。最后引申出未来发展中园林艺术与艺术批评所应该遵循的逻辑关系。

第5章,作为流动的"云层",讨论中西方园林景观艺术发展过程中的碰撞与融合问题。全书分为4节,前两节针对17、18世纪的"东学西渐"的误区展开讨论,逐级叙述了园林艺术史上两次重要的艺术交互情况,指出两次流动的不完全性。第3节,针对近年来兴起的"山水城市""绿色都市(Green City)"等中外"城市大园林"的理念,指出中西方园林景观艺术的交互发展际遇;针对中西方的差异化情况,在艺术交互流动中形式与内容上的交互原则的背景下,提出"走出来"与"伸进去"并进,从借鉴中变革到核心思想的领受等一系列现实性建议;最终得出在正面临着历史上最大规模的中西方园林景观艺术交互的背景下,透彻了解中西方园林景观艺术差异的时代要求和现实意义。第4节,从公共艺术着手,对迎合甚至影响着社会母体的城市空间固有的审美生命周期思维进行进一步阐释。

在结语部分,进一步总结全书论点,并在中西方园林景观艺术的发展和衍变状况的基础上,提出"作为艺术之园林艺术与作为艺术融合舞台之园林艺术"的概念作为余篇,借以说明作为门类艺术的园林景观本身与背景环境之间所涵盖的内在联系和艺术融通,以及其所处的文化角色;根据园林今天及未来的发展趋势进一步总结全书,点明本课题研究的必要性与重要性。

　　由于中西方园林景观艺术是两个极为庞大的园林景观体系,其中的理论内容包罗万象,鉴于时间和精力的限制,笔者无法做到面面俱到,所以仅以一般艺术学角度作为着眼点,以打通性研究为主要目的,通过探讨现实的园林艺术佳例来挖掘其成因,处处用心于微,却能发现其往往彼此环环联结,缕缕发蒙心灵。笔者愚鲁却不肯藏拙,愿以艺术带向艺术的研究模式,进行中西方园林景观艺术差异研究的新思路尝试,同时作为一般艺术学理论的实践性研究,为艺术门类间的"打通"研究、艺术本体的宏观研究的后续研究,提供一种可供选择的新视角。

第1章 缘起：意识源流与中西方 园林景观艺术

《大学》有云："物有本末,事有终始,知所先后,则近道矣。"许多西方哲学家也赞成"研究事物的差异,就要从研究根源开始",与其以"假设—论证—结果"的方式,从刻板的求"是"中得到,不如从源头求索,发现事物发展的根本动因。本章先不从"中西方园林景观艺术的差异都有哪些"的"头痛医头"式的研究方式开始,而是通过"感知差异→情感差异→艺术想象差异→艺术理想差异"的研究过程,抽丝剥茧地从最基本的感知和情感入手,最终归结到以"艺术理想"身份出现的园林艺术上。

那么,园林艺术真的与感知、情感有什么重要的联系,以至于我们要在开始所有的话题之前率先来讨论它们? 答案是肯定的。我们可以做一个简单有趣的心理小实验:从图 1.1 中,我们率先看到的是什么呢? 一个人的面孔,还是吹萨克斯的小人呢? 经过笔者的不完全集群测试(2010 年中国西部某大学环艺系二年级学生与 2009 年德国柏林艺术大学环艺系二年级学生),绝大多数的中国学生

图 1.1 一个有趣的测试

会回答"面孔",而只有小部分能够在第一时间看到吹萨克斯的小人;相反,在欧洲的柏林艺术大学的学生中,看到萨克斯演奏者的学生比例远远高出前者。

其实,得到这样的结果是在预料范围内的,原因很简单:因为中国的西部学生对萨克斯的熟悉程度相对于人的面孔而言认知稍弱,所以能够在第一时间认出萨克斯演奏者的学生相较欧洲学生比例自然相对较少。在这种感知局限的情况下,此图无疑已经丧失了心理测试的作用,但是却可以很好地说明关于感知与思维的关系。这时再让我们回过头来对本章的思路做一下整理。请看图 1.2:

如果我们把人的出生当作点 A,人生命的终结当作点 B,那么人是如何从点 A 到达点 B 的呢? 现在假设 5 条线代表 5 种方式的人生,6 种颜色简化为 6 种完

全不同的生活方式和文化方式。我们可以看到：

　　Line 1的方式比较直接,选择了以直线和折线的方式从A点到达B点,先后经过了白色和黄色两种颜色;Line 2经历了除紫莓色之外的所有色块;Line 3选择了最近的方式;Line 4除白色外有意没有接触任何颜色;Line 5除白色之外只经过了紫莓色。不难发现,白色是5条线中共同的颜色,每条线都可以告诉你白色是什么,但是只有Line 2和Line 3能说出黑色,Line 1和Line 2能说出黄色,Line 2和Line 3能说出红色,Line 2和Line 3能说出绿色,深蓝色和紫莓色则分别只有Line 2和Line 5能够说出。那么如果把这5种人生经历组成不同图画,就是图1.2中的右半部分。

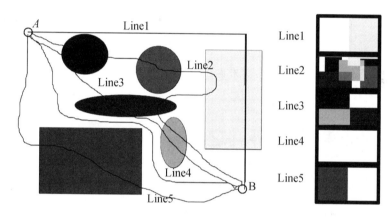

图1.2　感知与思维的关系图示(见文后彩图)

　　如果让选择这5个不同人生方式的人来装饰自己的生活空间,图1.2右边的这些色彩就是他们耳熟能详、可以使用的元素工具。所以在解析园林艺术(甚至扩展到所有艺术)的差异性时,考察了解哪些是他们感知中所共同拥有的"白色",哪些是他们独特拥有的"红黄紫绿诸色",是极其关键的。这里必须要加以说明的是:这里面尚且有一个(或N个)变数X——尤其注意一下Line 2:正如色彩学所熟知的,在颜色和颜色之间,可以衍生出Line 2没有经历过的天蓝、粉红以及一系列兼色。如果说5种颜色的正常表现是对感知的反馈,那么这些衍生出来的色彩,就是艺术想象的成果了。在这个实验中,除了Line 4之外,这个变数X在其他4条线中都出现过,只不过Line 2尤为突出罢了。

　　但是,是不是说经历色彩越多,这个变数X就越多,艺术想象就越丰富呢?理论上是(就是我们现在看到图1.3的第Ⅰ种情况),但其实不一定。有这样的推论是因为我们忽略了这个过程的第一步"感知"的很重要的一个特性,那就是感知的差异性:比如假设Line 2是红绿色盲,这时Line 2感知的颜色数就变成和

Line 3 一样多,这就变成第 Ⅱ 种情况。当然还有更为极端的第 Ⅲ 种情况:譬如 Line 2 是盲人呢? 对于色彩的感知力为零,此时则与 Line 4 一同成为整组的倒数第一(如图 1.3 第 Ⅲ 种情况)。

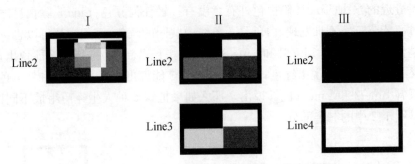

图 1.3　以 Line2 为例的感知属性变化图(见文后彩图)

所以,感知的择取差异,是艺术想象乃至最终的艺术理想性类迥异的重要原因之一。要深究中西园林艺术的差异,就不得不从链条的最初开始……

1.1　感知差异:内外向之辨

感知是人们感受和了解环境中各类事物的能力,事物通过感官传达到我们的头脑中,并留下某方面的印象,令自身对该事物形成一定程度的认识。简而言之,感知就是在生活空间中,背景环境对人作用的重要方面。美学也正是在感知的基础上,着力研究人们鉴赏事物的能力,因此,环境始终是审美鉴赏关注的对象。加籍著名学者环境美学大师曾在他的 *Aesthetics and the Environment : the Appreciation of Nature , Art and Architecture* 一书中的"环境美学的本质"一节中动情地描述环境的特性:

我们的这些经验维度被观照对象(也就是环境)自身的无规则现象予以强化。这并不比略显离散、稳定而又自我完备的某样东西或者传统的艺术,这恰恰是环境——不仅仅在我们身处其中时改变,其自身也处于长期或短期的持续变化过程中。即使我们不动,风仍然划过我们的面颊,云也会流转过我们的眼帘。时光如轮,光阴似梭,昼夜更替,春来秋往……然而更重要的是,环境们(注:此处指的不再是"大环境",是各个不同的"小环境")又不仅仅只是随着时间的变化而变化,它们毫无限制地不断扩张自己的领地。对于我们所处环境而言,并没有"界限"的存在,我们运动,它也展开自己无穷尽的变化。事实如此,它在各个方面都是没有终点的。换而言之,对于环境对象的感知不像传统意义上的艺术作品那样是有"框"的,比如不像音乐作曲受时间上的约束,和绘画、雕塑受空间上

的局限。(笔者译)①

正是因为环境是多维运动且没有框定的,所以才造就了感知的丰富性:人类在各自不断运动流转的环境中感受,带着人类文明作用下情感的喜、怒、哀、乐等心理情绪,不停地于特定的时间、地点对特定的事物进行着片面的认知活动。在艺术创作面前,这种感知就成为艺术想象,成为艺术理想生成的动因。

归纳起来,背景环境对人类活动的熏陶最主要表现在感知差异和情感差异两方面(有关情感差异我们将在1.2节详细论述)。所谓感知差异,即是对对象事物所展示出的观察力、体悟力以及做出的反应的差别,也就是前面提到的对"颜色"的感知能力。由于本书主题是中西方园林景观艺术的比较研究,所以差异集群的感知要素就放在中方和西方两大阵营的主流环境中来研究;并以避繁就简、抓住主干环境、理清主要脉络与核心关系为原则,牵引出艺术想象乃至艺术理想的形成和异化。

在中西方感知差异的研究中,前人的艺术成果、文学成果,甚至科学成果都已经深刻地说明了问题的核心——东方人极强的宏观概括能力与西方人精辟的分类能力和体系观。其间,表现得最为明显的感知差异就是对内外向的辨别。

东方人的"内"与"外"往往是以人为界限的,用自己的内心感受来领悟环境的"外"。这种含混了个人情感的思想体悟往往能塑造出某种宏伟的思想空间体系,虽然在这个体系中,充满着诸多不确定的细节,但是却可以让受众得到相似的共鸣和震撼,甚至得到对人生、宇宙某种程度的神圣顿悟。这种概括能力,多数情况下源于极为内向的"内观"和"内省"。"内观"一词,在东方古印度叫 vipaśsanā,被称为印度最古老的禅修方法之一,真正的意思是"insight into the nature of reality",与中土的"内观"有相似的内容,都是在观察身和心不断变化的特性,体验"无常""苦"以及"无我"的普遍性实相,而由此观察出自然的真实。至于道教的内观则更是"认识自我,并且使'三一'包含的宇宙人世的统一最

---

① 笔者译。原文为"These dimensions of our experience are intensified by the unruly and chaotic nature of the object of appreciation itself. It is not the more or less discrete, stable, and self-contained object of traditional art, but rather and environment. Consequently, not only does it change as we move within it, it changes of its own accord. Environments are constantly in motion, in both the short and long term. If we remain motionless, the wind yet brushes our face and the clouds yet pass before our eyes. And with time changes continue without limit: night falls, days pass, seasons come and go. Moreover, environments not only move through time, they extend through space, and again without limit. There are no boundaries for our environment; as we move, it moves with us and changes, but does not end. Indeed, it continues unending in every direction. In other words, the environmental object of appreciation is not 'framed' as are traditional works of art, neither in time as are diamatical works or musical compositions nor in space as are paintings or sculptures..." 引自:Allen Carlson. Aesthetics and the Environment: the Appreciation of Nature, Art and Architecture[M]. London: Routledge, 2000: xviii.

终成为真实的见证"①……不难发现,"内我"与"外物"的定义极为宏观、模糊,外界的种种内外之分已经被淡化,被笼统地概括为"外物",内与外的关系,就是存于体内的内宇宙与宇宙的关系。追其渊源,早在混沌观的出现,就已经奠定这种内外向的感知基础了。古代先哲通过对自我的认知,由此及彼、由内而外、由小至大、由浅入深地将这种感知扩大开去,从而得出"道""气""象""大""玄""妙""美"等代表宏观美学的概念。从《管子》四篇中的《内业》中对"气"的论述可以看出管子对"内我"与"外宇宙"的关系认知:

凡物之精,比则为生,下生五谷,上列流星。流于天地之间,谓之鬼神;藏于胸中,谓之圣人。是故此气,杲乎如登于天,杳乎如入于渊,淖乎如在于海,卒乎如在于己。

气流于体外的宇宙之间,则成鬼神,于内我之中则成圣人。正是通过如此的对照、类比——外有星辰日月,内有穴位经脉;外有五行周转,内有五行生克……东方智者们用心于微,却可解万事万理,因为小至个体之"人"也可看作是一个具体而微的宇宙,大至山河万里,也不过是宇宙中的微尘。所以道可大可小,可规划日月,也可存于"便溺"之中;道也可无大无小,其大无外,其小无内。也就是说,东方人感知世界万物,感知的是"同"的一面。因而东方的风景绘画以意境胜,虽寥寥数笔、形象并不精纯,却江河万里、气脉滔滔,宇宙万象皆隐于黑白流转之中。俯仰万物,皆用心于"宏"的感知之后得到艺术想象,这些都是古代西方艺术家很难理解的。

原因在于,西方人精于分类,他们更多地把着眼点放在对事物的观察、对比,以及细节的记录上。从古希腊智者到贵族学者、哲学家,再到后来的科学家、植物学家、医生、画家、雕塑师……无不对观察力和差异化思辨力给予了高度的重视,千百年的不断强化,使得他们具有严谨的观察、记录习惯,以及精辟的辨识、分类能力。笼统地说,他们认知世界,是从"异"开始的。

图 1.4 《植物名实图考》对枸杞的记录

图 1.5 丘园植物资料室内对中国枸杞的记录

---

① 强昱. 道教心学的精神气质——以《内观经》为核心的考察[J]. 世界宗教研究,2006(4):65.

图1.4① 和图1.5分别是东方人和西方人在同一时期对同一植物的不同感知在图画上的表现。图1.4是取自清代吴其濬撰写的《植物名实图考》对枸杞的记录。史载《植物名实图考》对每种植物的形色、性味、用途、产地等都叙述极为详尽,绘图最为逼真,该图录被认为是中国古代对植物观察最为详尽、分类最为精细的植物学专著或药用植物志之一。本书截取的是其第三十三卷《木类》中对枸杞的描述。而图1.5则是笔者于丘园考察时在植物图典室拍摄的对同一事物——中国枸杞(Lycium Barbarum)的记录,绘制于1730年。不难发现图1.5对于枸杞的感知更为细腻,图示已经精细到了花蕊的个数、花瓣的结构、果实的外形转折甚至纹理。

当然,这似乎和由赫拉克利特提出的,在欧洲范围内广为流传的"逻各斯(Logos)理论"②倡导有关:"最隐秘的智慧,是世间万物变化的一种微妙尺度和准则。"③正是由于这种对事物精准的"求异"感知,使他们的分辨和分类能力大大增强,所以他们对"典型""类型"的把握和区分,极为精准。不得不承认,也正是因为如此,造就出的西方长期专注培养的模仿再现能力,的确是东方人无法比肩的。这种感知差异的引导,同时也帮助他们形成了与东方人截然不同的内外观。事物的"内"与"外"不是宏观地存在,而是微观存在于各个事物之间。他们具有极为严格的(时间或空间区域明显的)划分,更加着眼于微:如物的内外,景观的内外,住宅的内外,光的内外(光与影),虚、实空间的内外……分门别类,各自规定严格的属性。于是在艺术表现上,相当一段时间以来,西方艺术家都陶醉于这种精妙的逼真表现和确凿的分段表现,以至于甚至是某一片叶脉的曲率不同,都可以明显地表示出不同的艺术风格。绘画精准的尺度感、色彩匹配、光影关系,园林中划分明确的功能区域、外形规格、栽培修剪方式,都很好地验证了西方人的这种感知特性。

换而言之,感知差异在东西方的内外观上,表现如图1.6:东方人更趋向于认知"同"的一面,强调的是将"外境"(宇宙万物)与"内境"(心境)的融合统一。而西方人则偏向于通过面面俱到的逐类分析,根据具体事物的表征状态寻找其内外之别。我们得出的这一重要理论因素在日后艺术想象和艺术理想的实践活动(园林艺术创作)中,都将显示出极为重要的能动意义。循着这条线索,我们回过头再来看中西方园林景观艺术的风格差异,就显得非常明晰了。

---

① [清]吴其濬.植物名实图考(第三十三卷·木类)[M].北京:商务印书馆,1956:776.
② Uwe Meixner. Antike Philosophie[M]. Paderborn:Mentis Press, 1999:117.
③ Uwe Meixner. Antike Philosophie[M]. Paderborn:Mentis Press, 1999:133.

图 1.6 东西方对内向、外向的认知之别

　　这里我们以建于 18 世纪德国德累斯顿（Dresden）市郊的皮尔尼茨宫
（Schloss Pillnitz，简称"皮宫"）和中国同样地处北方的古代园林北京北海为例简
单予以分析。两者同属皇家园林，而其中风格之迥异，难以一一举例，正可谓"恒
河沙数，倾千书难叙其一"。但是，如果循着这自源头而来的感知差异带来的内
外之辨，其异变的因由顿时被提纲挈领，变得容易理解起来。我们看到在皮宫的
园林环境中，不论是图 1.7a 中的花境规划、建筑物与花圃的区间分隔，还是图 1.
7b 的陆地区与水域区的分野，都在极力强调"边界"，也就是一条又一条内与外的
分水岭：花圃内与花圃外的界限，草地内外的界限，建筑内外的界限，喷泉内外的
界限，水体内外的界限，乃至园林内与园林外的界限……都被分得清清楚楚，植
物的修剪、建筑的造型方式，都在潜移默化地强化着这些界限。

图 1.7a 皮尔尼茨宫内花园　　　　　图 1.7b 皮尔尼茨宫水体

图 1.8　北海公园

　　再反观北京北海(图 1.8①),同样是皇家园林,同样是以展现皇家风范为宗旨的园林,却给我们截然不同的感受。愕然间,我们发现和皮宫相比,北京北海居然几乎没有明显界限。一切刻板的线条都变得流畅而灵动起来:池内池外,路内路外,建筑内与建筑外,花草树木更加没有内外之别,鸟在林间行,人在丛中笑……但是没有界限又不等于杂乱无序,每一个要素对应着栖息于人们心境的理想。园林艺术成为了完美统一"内心"与"外物"的圣地,远望去,天、水、山浑然一体,外物和谐,融汇于一。周武忠教授早年曾用一个精辟的偏正词组给予中国园林以高度概括——"心境的栖园"②。

　　所以,与北京北海公园相比,虽然皮宫在欧洲园林中已经是最接近中国式园林(或者英式园林)的典范,但是究竟还是欧洲式的。在那个时候并没有如今迅捷便利的科技手段,人们是无法照样拷贝的,所以虽然当时欧洲的园林设计师看到过中式风格而为之振奋,但是因为感知的择取差异——正如前面提到的,在这个"颜色"的选取问题上,是有盲点的——因此在艺术实践过程中,也就很难实现中式园林本身所蕴含的艺术理想。在东方人眼中,皮宫仍然脱离不了"界限"的束缚,仍然是西方的。感知差异,正是造成中西方园林景观艺术差异的第一步。

1.2　情感差异

　　情感差异和感知差异共同构成了背景环境对人类活动主要的差异性影响。而在艺术的萌生这一极其独特的生成过程中,情感因素也是不可或缺的影响因子。"情感萌发于儿童的生命诞生之初,发展于儿童社会化生活过程中……鲍姆

---

①　北海公园两张照片属网络共享照片,来源于"http://image.baidu.com"搜索结果。
②　周武忠.心境的栖园——中国园林文化[M].济南:济南出版社,2004.

嘉通认为人的心理活动分为知、意、情三个方面"①,"美"则是"由感情说明的,甚至是由感情决定的"②。而中西方情感的形成方式之不同,也恰恰是造成园林艺术异化的形成契机。在不同的情感路线支配下,中西方园林景观艺术不断变迁,从而发展成如今殊影异貌之局面。在此,我们把造成情感差异的主要原因归结为情感的形成和情感的宣泄,两个方面逐一论之。

1.2.1 东方特色的情感形成与情感宣泄

"以农为本""重农抑商"的社会风气和"大宗子嫡长制"的传承方式是东方特色的情感形成的两个基本脉络。事实上两者又是有联系的。"以农为本"的社会风气在一定程度上是借助亚洲气候地理环境因素和"大宗子嫡长制"而产生的。东方人③在这两条脉络的引导下,强化出独有的情感体系,也就意味着生成了与西欧截然相异的情感宣泄规则。虽然在西方的某些国家的某些历史时段也有长子嫡长子继承制的出现,但是"从立法内容看,中国的嫡长继承制强调嫡庶、尊卑、远近亲属间的不平等,西方则不注重这一点"④,而且在继承方面西方的"不动产长子继承制由世俗法所规定,而教会法则规定,遗嘱继承只以动产为限,在无遗嘱情况下,教会赞成平均分配给与死者同等亲近的亲属,特别是死者的子女"⑤。这种宗教法与世俗法上的冲突,注定使注重神权的西方世界在"嫡长制"的路上不能走得很远。而"大宗子嫡长制"几乎贯穿了中国从西周的奴隶社会起一直到整个封建社会。

"大宗子嫡长制"最早为周朝姬旦在"辅成王"之时正式确立,一直贯穿奴隶社会乃至整个封建王朝,统治了东方诸国数千余年,甚至一直绵延至近代。关于"大宗子嫡长制"在《春秋公羊传》中有一段惟妙惟肖的记录:

且如桓立,则恐诸大夫之不能相幼君也,故凡隐之立为桓立也。隐长又贤,何以不宜立?立适以长不以贤,立子以贵不以长。桓何以贵?母贵也。母贵则子何以贵?子以母贵,母以子贵。⑥

《春秋公羊传》是一部专门注释《春秋》的儒家经典,这段对话的核心(也就是"大宗子嫡长制"的核心思想)(如图1.9)在于"立适以长不以贤,立子以贵不以

① 高蕾.情感·艺术·生态式艺术教育——试论儿童情感教育的审美模式 [D].南京:南京师范大学,2007:42.

② 高蕾.情感·艺术·生态式艺术教育——试论儿童情感教育的审美模式 [D].南京:南京师范大学,2007:42.

③ 全书中的"东方人"主要代指以中国为中心的中国、日本、朝鲜、韩国等亚洲诸国人。

④ 张中秋,王朋.中西长子继承制比较研究[J].南京大学法律评论,1997(2):41.

⑤ 张中秋,王朋.中西长子继承制比较研究[J].南京大学法律评论,1997(2):41.

⑥ 《春秋公羊传·隐公·隐公元年》。

长"两句话。就是说在众多的嫡子之中,挑选继承人应该是以选择年长者为标准,但是如果母亲的身份不同,则在众庶子中选择身份贵重的儿子为先。是故"隐长又贤"而不为所立,而桓之贵乃"母贵也",故立之。嫡子即是图 1.9 中正室妻子与丈夫所生的孩子,在这些孩子中挑选年长的作为继承人,继承父亲的社会地位、财富、家业等的大部分或全部。倘若正妻没有所出,则在姜室的孩子中选取年长的作为继承人。这种存继关系的存在具有极大的社会作用,是一种以"嫡长"为核心,在功能上环环相扣的社会制度体系。而对于情感的形成的影响,关键在于其中的"话事权"问题。

"嫡长"具有最优先的"话事权",对大多数的事务做决定,并对它们负责。"一般家庭成员在财产的占有与分配方面处于无权的地位,事事听命于家长①,而"宗子一旦获得了继统承认,便获得了宗族权力与社会权力的双重继承,前一代宗子的权力原封不动地传递给下一代宗子"②。从图 1.9 中我们看到,因为嫡长子的独一性,就必定导致了多数人对少数人的服从。"嫡长制"为了能够在一定程度上维护统治的相对安定,对于试图挑战权威、越权话事的惩罚无论是在"国法"和"家规"中都是很残酷的(国法中从秦始皇时期的"族诛"——"夷三族"扩展到父、母、妻各三族的"夷九族",再到明成祖的"诛十族";"家规"各有门规,小则伤害皮肉,大则逐出宗祠)。久而久之,作为社会的人的否定意识被大大削弱了,大多数人对"家长"的"顺受"情感特点自然而然地得以滋长,从而不愿做决定(或者乐于可以不必做决定)。我们大可称之为表达上的"羞赧"——也正是东方人情感宣泄的特点之一。

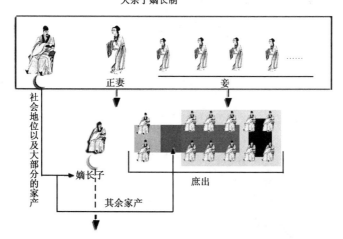

图 1.9　大宗子嫡长制关系图示

① 于宝华. 周代宗法制度研究[J]. 大同高等专科学校学报,1997(2):41.
② 于宝华. 周代宗法制度研究[J]. 大同高等专科学校学报,1997(2):41.

　　这种表达上的"羞赧"自然也包括艺术表达。从图1.9中还可以发现,嫡长子之外的嫡子和庶子们是社会的主要构成群体。这些人作为社会群体的多数,在日后可能成为成名的诗人、画家、富贾,甚至举人、官宦等上层社会的主力。但是,由于"羞赧"的情感宣泄早在儿童、青少年时期就已经被确立,并随着年龄和社会阅历的增长不断得到强化,这种表达的"羞赧"几乎随处可见,当然也会表现于园林艺术中:图1.10是按照先后次序,于上海豫园从"静观"到"会景楼"之间移步换景地拍摄的一系列连续实景照片。我们可以强烈地体会到,园主人是如何将自己悄悄地藏匿于这些玲珑的石峰、似空还隔的花窗、游走的云墙、葱翠的枝丫以及曲转回环的洞天之中的。对于像我这样到访的客人,它们无疑传达着这样的信息:"美丽就藏匿于其中,尊贵的客人,想要发现它吗,就请你自己寻找、品尝吧……"

图1.10　豫园内从"静观"到"会景楼"之间的景物排布

在这种情况下，"尊长"的思想就成为了中国上层机构的主流思想，即族人对族长尊，族长对官宦尊，官宦对天子尊，天子对天地尊；以及由此产生的族人敬拜族长，族长敬拜官宦，官宦敬拜天子，天子敬拜天地。所以下至族人、百姓，上至族长、王爷，都处在"大宗子"的思想桎梏之中，以"退让""庇荫"（造成了东方园林每每以"隐"为主旋律）以及由下对上的"膜拜"的人生观面对人生——追根到底，即是所有人民对天地的遵从（如图1.11）。这便是中国有史以来从不可易的"崇天"文化，"天是无所不知、无所不能、具有无限权威的最高神，世界由他主宰，人类的寿夭祸福、贫富贵贱由他决定"①，而"逆天"变成了"大逆不道"的代名词，天是万尊之尊，无论是黎民百姓，还是天子诸侯，祭天都是第一等的大事。而崇天，又与东方国家历来的生活方式有关。众所周知，以中国为首的东方国家绝大多数以种植业为主，不论是北方的小麦还是南方的水稻，五谷百蔬、春华秋实无不与气候条件息息相关——气候每年左右着大面积的农业生产的收成。天气作为主要因素主导着以农业为本的国计民生，因此，"天"就成为了统领万事万物、大小诸神的主神。而崇天、祭天活动"内容涉及祭祀、求年、战争、田猎、农役、天气、建邑、休憩等几乎所有的人类活动"②。

图1.11　崇天文化中的递进关系图示

东方的统治者认为农业生产是国家的根本，只有人民吃饱了，国家才能获得安定繁荣，于是在"重农抑商"的政治思想下，"靠天吃饭"就显得更为重要。而天气的主宰自然是"天"：暑、寒、霜、雪都由其掌控，地震、洪涝、暴雪、飓风则都是天地发怒的表现。在这种前提下，人和人的利害关系降到了最低点——"普天之下，莫非王土"，人人都是向天地索取，人人也理所应当地为天子服务和工作。也正是因为如此，更多的容纳与宽和存于其中，因为人人都生活在天地之间，都是天的臣民。而园林，则成为天人矛盾的关键性过渡，很多时候也因使庄稼人畜逃避野兽的践踏、风雹的摧残，升华为人们心中的逃避伤害的理想之国。我们看

①　张振中. 中国农民崇天、敬祖的天命观[J]. 华夏文化,1998(3):48.

②　张振中. 中国农民崇天、敬祖的天命观[J]. 华夏文化,1998(3):48.

《诗经》中所描写的理想园林景象：

鹤鸣于九皋，声闻于野。鱼潜在渊，或在于渚。乐彼之园，爰有树檀，其下维萚。他山之石，可以为错。

鹤鸣于九皋，声闻于天。鱼在于渚，或潜在渊。乐彼之园，爰有树檀，其下维谷。他山之石，可以攻玉。[①]

鹤鸣于高空，声遍于郊野与天空；鱼儿无论在水中还是岸旁都快乐欢畅；园中，上层是高大的檀树，中层是矮小的楮树，下面是厚厚的落叶……好一派和谐的景象！其园囿在诸物各得其乐的状态下，呈现出离奇的动人。在这种情感特点的作用下，东方园林在某种程度上，就具有了"面对寒暑、灾害的荫庇""对草木人物的佑护"甚至"园主自身的隐遁"等功能。这就是在"以农为本""重农抑商"的社会风气和"大宗子嫡长制"的传承方式的联合作用下形成的情感宣泄的第二个特点——"隐遁"。

"隐遁"和"羞赧"表现在园林艺术中，是在同一基调下东方式情感宣泄的两端。它们既有重合的部分，又有各自的重心。仍以图 1.10 的豫园为例来说明：如果把其中对"镜中理水""樱红暗设""落步回环"等一系列对美丽的委婉表达看成是"羞赧"的话，那么，为将自己"置身于拟境""忘红尘于世外"而对园林进行的着意敛卷，则可名之为"隐遁"了。换而言之，"羞赧"是客观的、是对来客的，"隐遁"是主观的、是园主人自己的。这种情感宣泄，在西方园林中是罕见的。

1.2.2 西方特色的情感形成与情感宣泄

图 1.12 崇海文化的雕塑表现

西方园林的情感特点与前面分析的东方园林情感特点有明显的不同：图 1.12 是笔者分别摄于德累斯顿市的阿尔伯特广场（Albertplatz）和茨威格堡

---

① 《诗经·小雅·鹤鸣》。

(Zwinger)，柏林市的维多利亚花园（Viktoriapark）和慕尼黑市的王宫博物馆（Bayerische Akademie der Schönen Künste）。其中有完成于东德时期展现与暴风雨搏斗场面的现代雕塑"风浪"，也有庆祝反法战争胜利、带有古典浪漫主义色彩的"渔夫与美人鱼"，还有代表皇权威严的"海皇波塞冬"……像这样的雕塑在欧洲街头、博物馆、园林中都屡见不鲜。在情感的形成过程中，东方园林中的"崇天"情节表现在西方变成了"崇海"，为什么呢？这种对海的崇拜情节之深，很多时候不被东方人所理解，且让我们看看早期西欧诸国的发家史。

追本溯源，欧洲诸国（尤其是地中海沿岸国家）早期的文明城邦的崛起，很大程度上是通过海上贸易来积累的。它们能够保证国家运转以及培养一流士兵的强势经济支柱，也正是得益于海外贸易为主导的贸易型经济模式。从早先的希腊克里特王国以铜交换埃及的小麦和黄金而致富，腓尼基因售卖颜料和陶器而崛起，雅典因为海外贸易而成为西方世界的中心之一；再到亚历山大大帝带领下的马其顿王国，以城邦贸易积累了丰厚的财富，为称霸欧洲奠定基础；罗马开凿的"大水道"（Cloaca Maxima①）建立了便利的城市贸易广场而功不可没，罗马因而成为古代欧洲的世界中心——通往罗马的商贸大道数不胜数，成为了几乎是欧洲诸国的文化源头；而日后的葡萄牙率先通过大规模航海贸易成为欧洲海上霸主，紧随其后西班牙通过大航海，在美洲获得巨额财富成为世界第一大殖民帝国，进而制霸欧洲；英国因继西班牙之后控制了海路贸易，通过各种贸易公司（其中包括臭名昭著的"东印度公司"），而摇身一变成为震惊世界的日不落帝国……其情如斯，对海之崇敬，焉能不深？这时我们再走进欧洲园林，看到其中的不可胜数的模拟海中诸物、海神威严的雕塑，水花喷薄、激昂有声的喷泉、灿灿耀眼的财富、王冠……就不难理解这一切存在的原因了。此外，从整个欧洲史我们不难发现，在西方无论是谁抓住了贸易，谁就拥有了强大的资本。这是与东方社会最为显著的不同——我们也许会发现：也正是它，影响着西方情感形成以及西方人"直接""自我"的情感宣泄方式。

贸易，众所周知，本质上就是区域性货物之间的价格战争，而战争的焦点，就是人的利益，更确切地说就是人与人之间的利益争斗。争斗的过程，就是展示自我（货物商品）的过程，否则便无法取得更多的利益。这就预示着西方人必然有一种更加开放的心态，来显示自己的优点，坦然面对甚至宣扬和夸耀自己的实

---

① 原词出自"The Cloaca Maxima was one of the world's earliest sewage systems. Constructed in ancient Rome in order to drain local marshes and remove the waste of one of the world's most populous cities，it carried an effluent to the River Tiber, which ran beside the city."Aldrete Gregory S. 2004. Daily life in the Roman city：Rome，Pompeii and Ostia[M]．Westport：Greenwood Publishing Group：34-35.

力——也就是"独尊(Supremacy)"①的心理。这种海外贸易的交易特点,从根本上导致了以下几种状态:

① 商业的至尊地位。遍览欧洲史不难发现,商业的权重很多时候都是放在首位的,有时甚至超过了皇权和神权,及至全欧洲范围的宗教军事运动的十字军东征,许多"光蛋骑士"在没钱付给威尼斯商人的情况下,只能通过在当地先做工,以工费抵船票的形式方能渡海打仗,即使皇戚贵族也都为此花费了不菲的资金②。十字军的若干东征中,滨海商人们在此问题上未有丝毫的让步,从而成为了威尼斯、弗罗伦萨等地率先出现文艺复兴萌芽的契机。

② 宗教上的排他性。排他性是独尊心理的又一体现,它必然会导致信仰上的独尊,也就是"唯一神论"。纯粹而激进地只相信三位一体独一真神的天主教,以及由其衍生完善的基督教,独立而排他地统治了欧洲千年不朽,如今基督教在全世界仍然约有 21.4 亿信徒,是世界上最大的宗教。

③ 政治上的自由性,一种以自由竞争、标榜自我和契约形式为主题的政治模式。

④ 艺术上的人本主义表现。这种人本主义可以来自战争的胜利、探险的结束、生意的成功……无论是绘画、雕塑,还是园林艺术,很多情况下都变成记录和炫耀其成就的手段。所以绘画的表达方式是绚丽的、冲击的,音乐的谱奏是宏伟的、壮丽的,园林的营造模式是开敞的、外向的……都在尽可能地向外昭示自身的或者美好和壮丽,或者富庶与优越,或体面与高贵——这正与东方人艺术上的"隐遁"与"羞赧"形成了相反的另一极。

我们不妨再回到园林实例中,图 1.13 是柏林市位于舍克街(Schierker Strae)的小公园库那花园(Körnerpark)。库那花园并不是王室花园,本来就只是弗朗斯·库那(Franz Körner)个人的私园,后来捐献给了市政府。虽然经过修整,但园林的各部分特色仍然保持原貌。从中我们不难看出,欧洲这种完全开敞式的庭园结构并不是只有王室园林才有的,在这里我们仍然看得出园主人极力彰显的华贵与宏伟。每一位走过舍克街的过客都可以轻易地领略到园主人的阔气与成就,这种"直接"的昭示与"自我"的完全展现,在园林的角角落落随处可见,静谧而浓郁地宣泄着自己的情感……

大致描述了中西方的背景环境之后,让我们转向艺术想象,进一步探索并揭示中西方艺术差异的谜团。

---

① Christoffel A van Nieuwenhuijze, Mediterranean Social Sciences Research Council. Markets and marketing as factors of development in the Mediterranean basin [M]. Hague: Mouton, 1963.

② Jonathan Riley-Smith. The crusades: a history [M]. second edition. Continuum International Publishing Group, 2005: 188-191.

图 1.13　库那花园

1.3　艺术想象差异：以绘画为例

　　绘画是在感知和情感的基础上，通过一定程度的艺术想象建立起来的图式结构。因此在这种图式结构中，也必然能够清晰地折射出作画者的艺术想象。鲁道夫·阿恩海姆(Rudolf Arnheim)在他的著名论著《艺术与视知觉：一门关于用眼睛创造的心理学(Art and Visual Perception：A Psychology of the Creative Eye)》中以一段贴切的例子精彩地论述了因艺术想象差异而表现在图形处理上的迥然不同：

　　西方式的绘画形成于文艺复兴时期，画家通过在固定的观察点来框定事物形态。但是在埃及、北美的印第安以及立体画派里则会忽略这种界限。孩子画孕妇常常会把肚子里的婴儿也画出来，布须曼人在描摹袋鼠时会把袋鼠的内脏器官一起表现出来，盲人雕塑家做头像时会挖空眼部，再将做好的眼珠放入其中。这一切都符合我说的：人们可能忽略物体的某些特征，而仍然画出可辨别的图像。……而每一种视觉体验又是根植于相关联的时间与空间，正如事物的外表及时受视觉优先择取的影响一样①。

换句话说，如果说感知和情感的差异是中西方艺术异化发展的土壤，那么艺术想象的差异，正是直接导致中西方园林景观艺术两棵大树异向发展所需的水分——生命之源。我们可以通过绘画清晰地了解中西方迥异的艺术想象，从而引导出园林艺术的异化因子。我们仍然从中国绘画的艺术想象看起：

中国绘画的艺术想象得自于中国的山水文化。这种山水文化不是空泛的、以真山实水为模板的崇物文化，而是通过游记、诗歌、画论、散文甚至乐谱、曲调，抽象而来的理想图境。它是一种类似于想象的泛化感知——如西晋之时，"非必丝与竹，山水有清音"②之说，讲的是音律，是听感；元代《画论》"山水之为物，禀造化之秀，阴阳晦冥，晴雨寒暑，朝昏昼夜，随行改步，有无穷之趣"③指的是空间变幻，是动感；唐朝诗文《望岳》中"荡胸生层云，决眦入归鸟"④论的是层次，是心境；明代《徐霞客游记》言"俯窥辗顾，步步生奇，但壑深雪厚，一步一悚"⑤言的是现象，是触感；宋朝散文《岳阳楼记》"至若春和景明，波澜不惊；上下天光，一碧万顷；沙鸥翔集，锦鳞游泳；岸芷汀兰，郁郁青青"⑥写的是物色，是视感……这种泛感知力造成了中国水墨画的"阴晴不定"、玄幻莫测的境界，也就是石涛在《画语录》中的一段总结："山川，天地之形势也。风雨晦明，山川之气象也；疏密深远，山川之约径也；纵横吞吐，山川之节奏也；阴阳浓淡，山川之凝神也；水云聚散，山川之联属也；蹲跳向背，山川之行藏也。"通过"气象""约径""节奏""凝神""联属"（即连接、联系）、"行藏"（即行止、形迹），把山川的"天地之形势"抽丝剥茧地概括出来，构成了一幅天地之景。所以说，中国绘画的艺术想象并不是单纯的景物，而是天地之间；也并不全是天地之间，更多的是人的心理体验；又并不全是人的心理体验，归根到底，是对天人合一的宇宙观指导下理想境界的艺术性抽取。

---

① 笔者译，原文为"...The Western style of painting, created by the Renaissance, restricted shape to what can be seen from a fixed point of observation. The Egyptians, the American Indians, and the cubists ignore this restriction. Children draw the baby in the mother's belly, bushmen include inner organs and intestines in depicting a kangaroo, and a blind sculptor may hollow out the ocular cavities in a clay head and then place round eyeballs in them. It also follows from what I said that one may omit the boundaries of an object and yet draw a recognizable picture of it... Every visual experience is embedded in a context of space and time. Just as the appearance of objects is influenced be sights that preceded it in time. "Rudolf Arnheim. Art and visual perception: a psychology of the creative eye[M]. Oakland: University of California Press, 2004:47-48.

② 西晋·左思，《招隐诗(其一)》。

③ 元·汤垕，《画论》。

④ 唐·杜甫，《望岳》。

⑤ 明·徐弘祖，《徐霞客游记·游黄山日记·初七日》。

⑥ 北宋·范仲淹，《岳阳楼记》。

这种绘画模式,究其根本,是从游戏的态度转向自身格调修为的艺术追求,是表现艺术自身在"游戏性表现""休闲性表现""表现性表现"之间的转换和摇摆。西方则与此恰恰相反——它是从科学的态度转向自身情感的抒发的一种艺术追求。西洋画的发展脉络是从纯粹的"再现艺术"演变到"表现性再现艺术""表现艺术"的行进模式,而传统西洋画与中国绘画相比较,从比例法到透视法再到配色法,说它根本就是一项精准的科学研究也毫不夸张。归结到艺术想象上,一张张画布变成了一扇扇窗口,所有的内容都是透过这些窗口看到的世界。透视限制了距离,焦点固定了视点,于是或长或宽的东方卷轴式绘画(如图1.14)其特有的可运动游移之感,到这里就消失了——因为是窗口,因为有科学的透视、焦点关系,所以西洋画的视阈是永远小于眼球的视阈的(如图1.15),换句话讲,它的艺术想象多数是集中在视感的范畴(且集中在窗口内的表演)。这种绘画模式虽然限制了表现的视阈范围,却同时通过强烈的色彩、集中的视觉焦点,强化了画面表现力,进而在视感上大大提升了冲击力度。相对于东方,欧洲的绘画大师们的艺术想象是在光与影、体与型的逻辑分析中,逐步成长的,"视觉的张力是

图1.14　富春山居图①

图1.15　巴伐利亚州宁芬堡宫贵族画②

①　本图为元代黄公望的《富春山居图》,33 cm×636.9 cm,台北《故宫博物院》藏。

②　本图为巴伐利亚州宁芬堡宫(Nymphenburg Palace)不同时代的宫廷画匠们,为路德维希王室(Ludwig)以及贵族查尔斯(Charles Theodore)等人对宁芬堡近郊的景色描摹的19幅作品中的一幅。笔者摄于德国慕尼黑市郊的宁芬堡宫博物馆。

成长的真正动力,窗口的魅力就在于它比别处更加迷人……"①这也正是为什么西方绘画从传统的摹写表现(自文艺复兴以来发展到高峰的写实主义、古典主义),最终走向了对纯粹的视觉感受无限追求(以蒙德里安为代表的象征主义)的原因之一。

东西方绘画模式之间的不同正是艺术想象的差异所导致的。一个被想象成"行游的空间",另一个被当作是"采景的窗口",于是造成了不同的绘画发展方向。此时我们回过头看东西方园林艺术,不也能清楚地看到那"行游的空间"与"采景的窗口"之别吗?图1.16、图1.17和图1.18分别摄于荷兰红村(Haaruilens)的德哈尔古堡园林(Kasteel De Haar,后文简称"哈园")和位于中国上海嘉定区的秋霞圃。前者是13世纪保存下来的凡·路易伦(Van Zuylen)家族的古堡,后来城堡及其花园重建于16世纪,最终为艾蒂安(Etienne van Zuylen van Nijevelt van de Haar)男爵私人所有;后者也建于16世纪的明代,是正德、嘉靖年间工部尚书龚宏的私人花园。从中我们不难发现"行游的空间"在于"游景"与"采景的窗口"在于"视景"的侧重点之不同。

图1.16 大门与通路

周武忠教授曾在2007年主办的中国花文化国际学术研讨会开幕式上指出,了解中西方花卉文化的异同将有助于深化对中西方文化的了解,并在大会论文中明确赞同叶卫国提出的观点:"中西方花卉审美观念与中西方民族的文化结构、审美心理的积淀有着密切的联系,它浓缩并物化了中西方的文化心态及审美

---

① Jacques Derrida. The truth in painting[M]. Chicago: Univ. of Chicago Press, 1987:95.

情趣。"①这种情况也同样表现在园木与花圃的栽种排布上。尤其从图1.17"园木与花圃"中我们可以更加清晰地发现"行游的空间"与"采景的窗口"之别:单从视觉角度来看,秋园或许不如哈园其景曼妙,仿佛只是随手栽于路旁,远远看去郁葱而没有规律,并没有哈园音乐般的明晰的律动和节奏;但是当人们真正走到其间时,赫然发现,原来每丛每景皆是奇妙,各个角度看无不匠心独运,于是游人不得不陶醉在这小小天地之间,随着灵犀的牵引继续着自己的发现之旅。反观哈园,一旦你走入宽阔的园中,回转游行于早已明了的道路之中,却再也没法儿找寻到远观初见的激动和喜悦——忽然间顿悟到:与其游于其间,倒不如停留在第一眼与它的邂逅,静静地坐在那里,观阴晴昏暮,品味时间与画面的关系,也就全然不会错过美景了……

图1.17　园木与花圃

---

①　周武忠.中国花文化研究综述[J].中国园林,2008(6):79-81.

再看图 1.18"水体与建筑":"乱石"与"流廊"都在不起眼中悄悄地散发着韵味,不由勾起观者的童心,"行"的冲动时时羁绊着游者的内心。我们可以试着想象在哈园的另一个角度看过去的景象,等你走到那里,自豪地发现跟自己的想象八九不离十;而在秋园,这种虚拟的勾勒却变得相当困难,于是不得不走过去,小心地驻足石上,看过去——惊喜或是失望都是因为我们没有料到。不得不承认,"游园"与"赏园"在这里是不可分割的,"游"是为了更好地"赏","赏"是在"游"的过程中进行的。

水体与建筑

图 1.18　水体与建筑

这"行游的空间"与"采景的窗口"之辨,准确地投射在园林艺术中别无二致,恰恰印证了从绘画中分析得来的艺术想象差异。下面就让我们进入本章的终节——艺术理想差异,总结性地探讨关于意识源流与中西方园林景观艺术的最后一个问题。

1.4　艺术理想差异:"心理和谐"与"形式和谐"

如果说中西方艺术想象的差异尚可以从绘画中得到启示,那么艺术理想差异,就必须回到景观和园林本身来追寻了。

所谓艺术理想,表现在具体方面,就是对和谐的追求。中国对和谐的追求是对境界的追求,人本身是境界中和谐的因素之一。我们先从造字法上看

（图1.19），"景观"二字分别由以下构成："景＝日＋人＋池①＋草木"，"观＝草木＋见＋佳"。于是不难看出，"景观"就是"人"与"草木""佳景""日月""池树"的和谐共处。整个造园过程中，始终讲究"天人合一"，"园境"是"心境"的体现，是心中理想的现实化表达。所谓注重"天机"，兼得"气脉"，方能"山林意味深求，花木情缘易短"②，最终能在园林胜

图1.19 景观的字形分析

境中达到"寻闲是福，知享即仙"③的逍遥状态；从而人居画中，人游诗中，人享梦中，"花影、树影、云影、水影、风声、水声、鸟语、花香，无形之景，有形之景，交响成曲"④。而所谓"风中雨中有声，日中月中有影，诗中画中有情，闲时闷时有伴"⑤便是园林艺术创作的艺术理想了。因此，人，从来就不仅仅是一个欣赏者，而是作为一个联系诸要素的角色，不断地与诸要素发生关系。园林作为艺术创作的理想，就是要使"人"这个要素和诸要素之间发生关系的过程，能够和谐、自然地进行。

所以，游时，考虑巡游心境，要"隔则深"，即使"仅广十笏"亦可"别现灵幽"⑥；观时，考虑悦目，所以"得景则无拘远近，晴峦耸秀，绀宇凌空，极目所至，俗则屏之，嘉则收之……"⑦居时，考虑听感，则有"以斧劈石叠高，下作小池承水，置石林立其下，雨中能令飞泉喷薄，潺湲有声"⑧。中国的园主人，或沉醉于沧浪亭看山楼玩赏绿竹摇风、翠色招招，或留恋于无锡鼋头渚"泛泛渔舟，闲闲鸥鸟，漏层阴而藏阁，迎先月以登台"⑨，又或滞足于绍兴沈园凉亭"倚楼听风雨，淡看江湖路"……东方人特有的"人境相谐，复得自然"的艺术理想，终究在园林艺术中得以实现。

如果说中国艺术理想，追求的是人与自然、与天地的"心理和谐"，那么西方

① 关于小"口"为"池"、大"口"为"墙"的解释，最早见于童寯先生的《园论》一书，其原文如下："'口'表示园的围墙，'土'形似建筑物平面，'口'居中象征水池，'化'在水池的前面似山石、树木，隔池与建筑遥遥相望……"
② ［明］计成.园冶·卷三掇山［M］.赵农，注释.济南：山东画报出版社，2005：205.
③ ［明］计成.园冶·卷一相地［M］.赵农，注释.济南：山东画报出版社，2005：59.
④ 陈从周.梓翁说园［M］.北京：北京出版社，2004：6.
⑤ 陈从周.梓翁说园［M］.北京：北京出版社，2004：6.
⑥ ［明］计成.园冶·题词［M］.赵农，注释.济南：山东画报出版社，2005：19.
⑦ ［明］计成.园冶·卷一兴造论［M］.赵农，注释.济南：山东画报出版社，2005：33.
⑧ ［明］文震亨.长物志·卷三水石［M］.汪有源，胡天寿，译.重庆：重庆出版社，2008：107.
⑨ ［明］计成.园冶·卷一相地［M］.赵农，注释.济南：山东画报出版社，2005.

则表现在对园林各要素之间的"形式和谐"的追求。从柏拉图对和谐的阐述我们就可以看出,人是游离于和谐要素之外的,是和谐的缔造者,他着重强调的是各要素之间的和谐关系。各种因素就是音乐中高低、长短、轻重不同的"音符",而人就是排布这些音符的"哲学王"①。在这里,人,充当的是主宰者的角色,是缔造者,是万能的主。这一艺术理想在园林艺术中得以完整地展示,主宰的地位在此间不断地被加重和强调。所有自然的材料、自然的因素全部被打上了人力的标志,一种对自然征服的标志。本质上讲,这是在海外贸易交易原则的民族背景促进下(本书1.2.2节提到),对实力力量的宣扬发挥到极致的表现:从意大利卢卡市的各色古老庄园,到法国皇家园林、德国别墅庭院,除了英国的自然风景园与18世纪的"中国风"有关之外,绝大部分园林都有相似的表现:开敞式布局,视野广阔;自然的植物被修剪成人工的标准几何的造型;自然的石材被雕塑成惟妙惟肖的神像、人像、物象;自然的地势被一平到底,分隔成规则的两段式、三段式……自然的一切,都被人工修整,显示出人力之美,神一般的伟大。像"哲学王"一样排布世界,修整、安排,以至创造各个因素,以严格的尺度控制、比例控制、数量控制,来使得各个要素(从建筑、小品、雕塑到水景、植被、花卉)相得益彰,和谐共存。西方人的艺术理想,造就他们独有的园林体系,一言以蔽之,就是以"形式和谐"相异于东方的"心理和谐"。

东西方在各自理想的领导下,杂合着不同的感知、情感,演绎出艺术想象和艺术理想差异,从而层层进深、逐步展开,创作出了如许相异的园林体系。各个环节虽然始终彼此保持相对的独立,但却一直有一条主线相互联结,施加影响。当我们以感知、情感、艺术作为了解园林的基础之后,突破口似乎昭然于眼前,似乎又有所不足。让我们以此作为一个开始,循着这些残留的证据不断深入,以更详尽的论据发掘中西方园林景观艺术的发展规律,圆满地解释艺术差异的成因。

---

① Meike Aissen-Crewett. Platos Theorie der bildenden Kunst[M]. Univ. Bibliothek, Publikationsstelle, 2000:103.

第 2 章　发展:艺术观念与中西方园林景观艺术

在开始第二部分之前,让我们先引入一个概念:阴影补偿(英文可将其译为Cloud Effect)。该理论是 2008 年 12 月笔者于德国柏林 GTG 研究所提出的成果理论,下面通过绘制的图示(图 2.1)对这个概念加以简单说明。

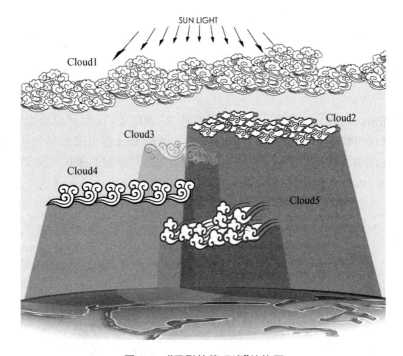

图 2.1　"阴影补偿理论"结构图

"阴影补偿"的发生原因在于"阴影",而重心在于"补偿"。整幅图由 7 部分组成:阳光、5 层云(分别表示为 Cloud 1、Cloud 2、Cloud 3、Cloud 4 和 Cloud 5)、地面。其中:

●阳光(Sunlight)。这里"阳光"指代的是自人类心灵透射出来的生命之光,是人们共同的基本生理、生存欲望的表现,比如抵抗饥寒的欲望、交配生殖的欲望、躲避伤害的欲望、对美好事物拥有的欲望等等;也是我们进行艺术创作的元情绪。

●云团(Cloud 1)。体积相对较大的"云团",即集团化的云层。可以理解为我们在第一部分提到的"意识源流"。作为分布相对均匀、流动变化性最小、涵盖最为广泛、性质最为稳定的云层,它是一个民族或者一类族群数百年乃至上千年形成的结晶,是本集团在艺术创作中那部分共同的、主流的审美认同。所以它的阴影投射到地面是最为广阔的。

●云层(Cloud 2～Cloud 5)。4片云层虚指在各种地面与云团之间出现的并不断流动的、短时间发生较快变化的云层。这些云层作为影响艺术的因素其稳定性远不及云团,甚至是骤升骤灭的;其在存在期间,相对云团更为迅速地流动,甚至可以在云团与云团之间往复移动(如图 2.2);覆盖的地区也远不及云团,往往是更具局限性、地区性和偶然性的。然而,正是这些云层多变的阴影,才使得投射到地面上的图案如此丰富;也恰恰是由于其多变性和不稳定性,艺术才会呈现斑斓异彩、群芳争艳的局面。所以把握中西方园林景观艺术的差异,除了要了解云团之间的基色差异之外,研究各区域内的主要云层及其动向也是至关重要的。

●地面。地面即是在各云层的"阴影补偿"效应下,投射到地面上的图案或色彩。从这里我们看到的是其艺术品或艺术风格等表现出来的具象内容,在本书的研究范围里就是我们看到、感受到的中西方园林景观艺术的差异。

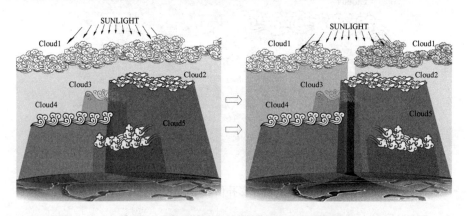

图 2.2 "阴影补偿理论"变化图(见文后彩图)

从其各部分的关系来看,我们不难发现:如果仅仅是就事论事地分析其地面上的阴影图案——不错,或许我们可以以此得出一些细节上的成果,但是终究是单薄的;针对每一种变化与差异的了解,也都是琐碎而彼此分离的。从另一方面来看,倘若上面的云层呈现出细微的明灭变化,或者稍微涉及相互的叠加,下面的阴影则又千变万化,难以预料了。"阴影补偿"就是针对这种不成体系的科研状态,而试图"弥补彼此联系上的漏洞"的一种尝试,也正是本书的行文关键之所在。

第1章主要对两个集团化云层的主要阴影进行了差异分析。但是,如果只知道艺术家和设计师具备的云团共同特性——"他是什么样类型的人",要解决艺术的形成问题,显然是不够的。除此之外,还需要了解诸如他"具备怎样的艺术观念"、他"想表达什么思想"、他会"选择哪些主题和材料"之类其他云层的阴影补偿。因为对于多变的云层的整个运动过程而言,即使只是历史长河的一个时间点,只要它存在过,就一定会在"地面"投下"阴影"。本章将基于此点,将集团化云层之外的其他重要的云层的形成、变化和运动作为主要研究对象。那么,接下来就让我们把历史的发展流变中艺术观念、思想受到的影响,作为园林艺术差异的又一主要"云层"加以探讨。

2.1 "平衡"与"逻各斯":解读世界观与东西方园林艺术

园林艺术的影子是云层阴影与阴影的叠加,来自于造园者心灵深处的篝火投射出的光线。这些影子的主人,隐然是民间的信仰和启示,是神话和风俗,是文学的延伸,也是人类口口相传的故事……这些汇聚起来,不断发展变化成为艺术观念的代表,无时不在、无处不在地散落于中西艺术的角角落落。让我们先从艺术观念的发展契机"世界观"看起,此处不妨选取两个观念的典型——东方的"平衡观"和西方的"逻各斯",窥一斑而知全豹地开始我们的发现之旅。

2.1.1 平衡观与东方的园林艺术

"一阴一阳谓之道",中国民间风水论,主要就是在这种八卦太极图的动静平衡观(阴静、阳动)的基础上发展而成的。民间风水学,在百姓、乡绅、士人,甚至官宦之间都颇受欢迎,在一定程度上迎合了中下层劳动人民的精神需求。事实上,风水也正是东方的"平衡观"反映在民间俗信的最广为人知的表现,同时又是和东方园林艺术的造园选址息息相关的。从图2.3我们可以看到,左边就是著名的《太保相宅图》,右上角是测风水不可或缺的工具"罗盘"。关于风水,此处不再赘述,唯一需要更正一个误区,即风水师的职责,也是能明确体现平衡观相当重要的一环,我们看图2.3的右下角图案:

如果把阴阳两仪用中国两个古老汉字来表示,那么"凹"和"凸"最合适不过了,两字沿用至今,历史久远。正如"凹"和"凸"联合起来就可以构成世界一样,阴和阳两仪不妨理解为无数小段的凹凸,因为"凹"和"凸"环环相扣,两仪就如同齿轮般扣合,只有各要素之间保持了这种平衡关系,凹凸有致地进行,才能够如同链条一般带动世界完美运转。但是东方的先贤认为这种完美的吻合是罕见的,自然中的环境总是存在扣合的缺陷,这些缺陷就是种种灾厄的根源。所以风水师的责任并不是许多人认为的"请神送灾"的神棍角色,而主要集中在两点:一是在造园选址的时候,选择各要素之间相对能够彼此扣合的"风水宝地";二是对于已经选择的环境中存在的缺陷,给予技术上的弥合。

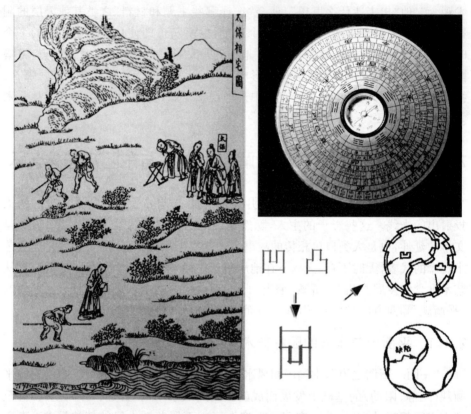

图 2.3　风水与"凹凸"

为了让这个链条能够有效地运动下去,"平衡观"对于凹凸的分割,也就是各要素之间的划分往往是对等的:"日"与"月"的对等,昼长夜短和昼短夜长都不是最好的,对于昼夜比例趋于对等的那一天(春分和秋分),民俗中常会有庆祝活动;"动"与"静"、"快"与"慢"的对等,太极拳讲究太快和太慢都是不好的,"动则生阳静生阴,一动一静互为根"[1],只有"不疾不徐"才能"心境澄明"而臻于化境;此外还有男和女、软和硬、大和小、来和去、南和北、东和西……这种两极对等而

① 陈鑫.陈氏太极拳图说[M]. 上海:上海书店出版社,1986:74.

立的世界观直接影响到了艺术创作。我们看到中国最为典型的绘画——水墨画的素材、工具与材料，那黑与白的对等比例，柔与硬的线条区隔；我们再看诗歌中的"平"与"仄"，音乐中的"板"与"眼"（后文将着重阐述）……都不难发现："平衡"始终贯穿其中，不偏不倚、环环相生。

　　这种平衡观发展成为一种风水的理论体系，并不断壮大，对东方的造园艺术不断予以越来越广的影响。反映在园林中，既有"相其阴阳之和，尝其水泉之味，审其土地之宜，观其草木之饶"①的堪舆选址，又有"山环水抱必有气""河右为吉""曲则有情"等营构原则；大到总体上强调的"四合"——气合、形合、势合、神合，小到植物的分布与排列，几乎私家园林的所有细节都能与风水扯上关系。笔者考察苏州虎丘，更发现其地的选址奇佳，其内的"万景山庄"（图 2.4）正符合《阳宅十书》②中所记载的："凡宅左有流水，谓之青龙；右有长道，谓之白虎；前有汗池，谓之朱雀；后有丘陵，谓之玄武，为最贵地。"依此思路追寻，我们可以在其他许多园林中发现，园林中几乎总有一些宅、厅、轩、阁在经意或不经意间遵循着上述规则。

　　平衡观衍生出来的风水思想反映在布局构造方面的另一个典型的例子就是"照壁"，即在大门前设置一面大墙。风水学上讲，入口就是气口，对整个庭院的祸福吉凶都有影响。大门前面的照壁正是要挡住外来的邪秽之气，使之过而不侵。这与百姓人家门前悬挂的"照妖镜"实为同源异体。不同之处在于照壁更具气魄，具有更强的领域感，照壁上的青砖雕饰（或其他装饰）更能显示园主人的身份和地位。民间信仰在中国园林中的应用，类似上述的例子比比皆是。我们可以清楚地发现，民间风水构成了园林建筑中园林设计者（通常是园主）对命运的一种非理性把握。尽管人们对自然的认识不足，但是却存在着合理之处——对自然的和谐相处、动静的平衡、开闭的尺度，以及方位的关照。

图 2.4　苏州虎丘万景山庄

---

① 班固，《汉书·晁错传》。
② 明·王君荣，《阳宅十书》。

2.1.2 "逻各斯"与西方园林艺术

如果说"平衡观"是东方园林艺术的艺术观念中不可不提的典型,那么西方弥经岁月的"逻各斯"(Logos,希腊文 λόγος)及其一系列衍生理论则是与之相对的西方造园艺术观念的重要源头之一。

"逻各斯"是英文"logic"(逻辑)的语源,但是本身的意思却远非"逻辑",可以笼统地理解为西方世界的"道"——在 1999 年版的剑桥字典里"逻各斯"被称为"支配和组织宇宙万物的智慧与规则的原理(The Principle of Order and Knowledge in the Universe)",以及被人们广泛接受的"宇宙的潜在动力(Underlying Force of the Universe[①])"。但是这里的"道"却与东方的"道"有截然不同的本质区别。理解它我们需要从古希腊的三位哲人入手(图 2.5):

(1)毕达哥拉斯(Pythagoras,572 B. C. E.—497 B. C. E.)

笔者始终相信这位生活于公元前 572 到公元前 497 年间的西方伟大先贤,是"逻各斯"内容的奠基者。这位标榜"数"与"比例"的伟大哲学家,在解释世界本源时,认为组成世界的四大元素都是由规则产生的:"土元素由立方体构成,火元素由椎体构成,气元素由八面体构成,水元素由二十面体构成,构成宇宙的球体由十二面体构成……"[②]其中关于火元素的构成尤其影响到后来"逻各斯"的发展。

图 2.5 古希腊三哲

---

① James Gow. A Short History of Greek Mathematics[M]. Courier Dover Publications, 2004:69.

② 笔者译,原文为"... the earth was the product of the cube, fire of the pyramid, air of the octahedron, water of the icosahedron, and the sphere of the universe of the dodecahedron."Christopher Penczak. Ascension Magick:Ritual, Myth & Healing for the New Aeon[M]. Woodbury, Minnesota:Llewellyn Worldwide, 2007:124.

（2）赫拉克利特（Heraclitus,540B. C. E—480B. C. E）

"逻各斯"在赫氏学说中取得了飞速进展,赫式学说除正式将其提出、引入哲学之外,并且再一次强化了"逻各斯"的本质内涵——用以说明万物变化的规律性。科汉斯基教授（Alexander Sissel Kohanski）在著作《希腊模式的西方哲学思考（The Greek mode of thought in Western philosophy）》中曾这样论述赫氏"逻各斯"：

赫拉克利特的"逻各斯"理论作为包罗宇宙万物的背景环境,与人有着显著的关系……他认为"逻各斯"是一种有形的实体,但它也同时作用于人类的精神（比如意识和灵感）,之如作用于人类肉体一样,而这两方面都介入了宇宙的构造形成。在赫拉克利特的时代,一个广为流传的观点认为宇宙是由四种基本的有形物质构成的：火、气、水、土。赫拉克利特不得不在它们中选择其一作为自己的"逻各斯"。他最终选择了火……他称之为"永生的火",并且以此作为"逻各斯"、神、深度理性、智慧（或者"唯一的智慧"）,所有都包括一个共同属性,就是所有存在物中唯一或居首位的物质实体,或者存在于一切物质之中的质子。①

正是如此,赫氏提出的"逻各斯"的存在就是一种有形的规律形态,以火为原型的规则的、包罗万象的、唯一并永恒的形态。文中提到的"赫拉克利特的时代,一个广为流传的观点"正是得益于我们前面提到的毕达哥拉斯的"数的和谐"。我们再查看苏格拉底以前的哲学家残篇,可以发现其中赫氏残篇第 30 段中对"永生的火（The Ever-living Fire）"的表述：

这种规则的宇宙和谐是一种普遍存在的,并非由任何神或者人类创造的但却永恒存在的火,以一定的尺度燃烧,也以一定尺度熄灭。②

从中可以验证出,如科汉斯基教授前面分析的：赫氏认为"永存的火"（"逻各斯"的形态）才是宇宙的真实创造者；而赫氏自己笔下的"永存的火"的形态,也确

---

① 笔者译,原文为"... Heraclitus's doctrines of Logos as the all embracing ground of the universe, and particularly its relation to man... he conceives of this Logos as a corporeal entity, but endows it with mind (consciousness or spirit) as well as with body. As we shall see presently, both of these aspects enter into the formation of the universe. Again, in line with the prevailing view of his age that there are only four basic corporeal substances—fire, air, water, and earth—he had to choose one of them for his Logos, which is essentially One, and he chose fire... he called it pyr aeizoon, 'the ever-living fire,' and identified it under the names of logos, God, Highest Reason, the Wise Being, or 'the Only Wise Being,' all emphasizing its oneness and uniqueness as the primary substance or proton in all existence."Alexander Sissel Kohanski. The Greek mode of thought in Western philosophy[M]. Fairleigh Dickinson Univ Press, 1984：27-28.

② 笔者译,原文为"This ordered universe(cosmos), which is the same for all, was not created by any one of the gods or of mankind, but it was ever is and shall be ever-living Fire, kindled in measure and quenched in measure."Kathleen Freeman. Ancilla to the pre-Socratic philosophers：a complete translation of the fragments in Die Fragmente der Vorsokratiker[M]. Harvard University Press, 1983：26.

实如我们之前所认为的,存在着"以一定的尺度燃烧,也以一定尺度熄灭"的恒定的规则状态——这无疑借用了毕氏对火的规则形态论述。于是我们重新再审视一下这西方的"道"——"逻各斯"被提出时被赋予的内涵,不难发现其中一再强调的"唯一""有形""规则"等特点都是明显有别于东方的"道"所认为"两极平衡""大道无形"等核心思想的。

(3)德谟克利特(Democritus,460B. C—370B. C)

作为西方第一位百科全书式学者的德谟克利特是原子论的代表人物,但是毫无疑问地继承了"逻各斯"理论的精粹:他们都认为万物的本源是原子与虚空,但是"德氏只以形态和尺度来描述原子(Democritus ascribes only shape and size to the atoms)"[①],而对于万物的规则属性甚至扩展到了味感和光感(如"甘味是由圆形原子产生"[②]"黑色由多棱形原子产生"[③]等等)。也就是说,德氏仍旧认为万物的本源是形与尺度的规则体。由此可以看出,关于万物的本源问题,也就是西方的"道",德氏的学说与赫氏"逻各斯"是具有共识的。

从中我们可以发现:西方的"道"和我们东方人理解的"道"区别在于:后者不在于形状有无规则,最重要的是两极"平衡"的体现,前者的特色却恰恰在于其规则性、唯一性与永恒性。这种宇宙观作为艺术观念被投射到园林艺术之中,于是就自然而然地诞生了西方极其普遍的古典主义规则化园林形式。图2.6是2008年秋海伦豪斯花园(Herrenhäuser Gärten)中的"大园"(Großer Gärten)的园林实景。大园坐落于德国的下萨克森州汉诺威市郊,我们从其中各类精修的小园不难看出:无论是曲是直、回环还是重复,可认知的规则都蕴含其中,您看那阿基米德螺线为本体的草坪、基本型拼接组合的水池、棱角分明的园木……仿佛展示着宇宙间最隐秘的智慧。当我们抓住了艺术观念的本源,就不难理解这些园林的外在艺术表现形式的诞生其实是一种巧合中的必然,而这无数智慧的规律符号所折射的魅力,无疑成就了西方园林艺术中普遍遵循的理性之美,那在园林艺术中熠熠闪烁的科学之光……

① Leucippus, Democritus, Christopher Charles Whiston Taylor. The atomists, Leucippus and Democritus:fragments : a text and translation with a commentary[M]. Phoenix Supplementary Volumes Series, Phoenix. 36. University of Toronto Press, 1999:180.

② Leucippus, Democritus, Christopher Charles Whiston Taylor. The atomists, Leucippus and Democritus:fragments : a text and translation with a commentary[M]. Phoenix Supplementary Volumes Series, Phoenix. 36. University of Toronto Press, 1999:114.

③ Leucippus, Democritus, Christopher Charles Whiston Taylor. The atomists, Leucippus and Democritus:fragments : a text and translation with a commentary[M]. Phoenix Supplementary Volumes Series, Phoenix. 36. University of Toronto Press, 1999:117.

图 2.6　海伦豪斯花园的"大园"

2.2　中西方园林景观艺术中的民俗、神话与启智

如果说世界观是园林艺术中艺术观念形成差异的本源,那么在中西方人类发展历程中逐渐形成的风格迥异的民俗、神话与生活智慧,则使得园林的布局及其园林元素的创作异化进一步深化。只有理解了在民俗、神话和启智方式上的差异,我们才能够更好地了解这种艺术观念发展下逻辑性的必然结果,从而完全地融入园林艺术当中,真正可以游赏、体味中西园林艺术的魅力之别。本节将分别对东方的园林布局和园林中的装饰、西方园林中的雕塑装饰集中加以探讨。

2.2.1　从布局和绘画装饰中的民俗与神话认识东方园林艺术

民间风俗是民俗的重要组成部分之一,在中国私家园林艺术观念的形成与发展中占据着异常突出的地位,而私家园林的艺术元素又很大程度上影响着皇家园林的发展。所以,民俗的影子在园林艺术中几乎处处可见,是影响园林发展的举足轻重的内容。下面我们主要通过民俗游戏、民间思想、民间文学三部分予以阐述。

（1）民俗游戏

中国大大小小的私家园林，虽然尺寸上有所不同，但空地一定"尚平"。再小的园林，也要有那么一方平坦的空地，何哉？这是民俗游戏在起作用。空地，就是园林主人及其家人活动娱乐的地方，这里也是进行体力运动的主要场所。中国民间向来注重养生，对于没有条件服食丹药、琼浆等物的文人士大夫、商贾们来说，对身体的锻炼便无可挑剔地成为了主要的养生方式。无论是个人体操性质的演练（如五禽戏、八段锦），还是身在仕途的园主仿效宫廷贵族而进行的"投壶""抛球""斗鸡"之戏，抑或是空地较大、家丁较众的园主为保持家丁身体素质而进行的"蹴鞠"之戏，无不要求一定面积的"平坦"空地，而空地的平坦与环境的曲折又往往相映成趣，形成极高的美学特色，于是计成在《园冶》一书中也有如下叙述："……有高有凹，有曲有深，有峻而悬，有平而坦，自成天然之趣，不烦人事之工。"①这无疑是对其在实用意义延伸出来的美学意境上的极高评价。

另一个由于民俗游戏而影响园林营构的例子是"亭"的选建。此话要从"唐人饮酒，宋人品茶"的民俗说起。随着唐代之后茶风渐烈，甚至有"茶之为民用，等于米盐，不可一日以无"②之势，而品茶斗茶，已经慢慢演化为了文人士大夫闲来会友的游戏。在饮茶过程中，烹茶之水往往是现取的，于是园林中的"井"便成了惹眼之物，井的安排在园林中当然就有了相应的讲究：井不可与茶案距离太远（为便于取水烹茶），但又不能过近（以免影响园林的视景与赏园者的视野）；井的存在最好与植物相映衬（以杜绝石材本身的刚、硬、挺、翘等特点），但植物又不能横过井口（以防树叶等杂物落入井中而影响水质）……总之，饮茶的普及与斗茶游戏的盛行，使井在园林中的地位得以提升，甚至同时也使井本身成为了园林灿烂的一景，为园林增光添彩：如苏州虎丘的拥翠山庄旁的"憨憨井"，又如二仙亭旁号称"天下第三泉"的"陆羽井"，再有沧浪亭园林中距沧浪亭不及 5 米的古井（如图 2.7）……凡此种种，皆属是类。于是"亭为茶设"几乎成为了中国园林构设的潜在标准。

图 2.7　沧浪亭古井

---

① ［明］计成.园冶图说［M］.赵农，注释.济南：山东画报出版社，2003：47.
② 王安石，《议茶法》。

（2）民间思想

这比较明显地表现在布局营构中的围合关系上,说得更明确一点就是由"门"和"墙"构建的环套关系。从功能学上讲,越靠近内部的就越隐秘,越具有保护性,但同时也越封闭。江南的私家园林中将这种环套结构发挥到了极致——相对地减弱了皇家园林中轴线的特色,转而将重心放在了这里。在这种环套结构里,人流路线的主要"牙口"在于"门"——每一层环套结构之间的开合联系,全部由门来掌管,于是它成了保卫或是禁锢内一层环套结构的关键部分。在古代的园林中,有一条不成文的规定:男丁和粗仆是不允许进入二门之内的,而园林主的小姐和女眷,除非在特殊情况下,否则是不允许走出二门之外的。这也就是俗语"大门不出,二门不迈"的由来了。

还值得一提的是,民间对特殊数字的崇尚也构成了私家园林设计中典型的造园思想。皇家花园往往以九为尊,但是出于避讳的需要,无论是普通百姓、在位的士大夫,还是富有一方的商贾,都是不敢轻易使用的。在他们之间往往钟情一个更美好、更可爱、更亲近的数字"4"——这个在今天许多人眼中避之唯恐不及的数字,在中国传统思想中恰恰是至美至善的数字:从方位上的"四方",到时令上的"四季",再到称号上的"四君子""四大才子""四大天王",而婚宴要吃"四喜"丸子,节庆要吃"四色"点心,等等,都是民间百姓为了在这个数字上讨个"口彩",是一种对"完完满满"境界的期求。造园思想上也不例外——建筑构局方面,庭院桌椅绝大多数是以一桌居中,四凳环绕四周;叠山理水方面,个园里的假山有春山、夏山、秋山、冬山,取"春山淡冶而如笑,夏山苍翠而如滴,秋山明净而如妆,冬山惨淡而如睡"[①]之意;在园林构成元素方面,四角的矩形往往点缀于园林之内,从屋檐亭角,到廊柱桥墩,再到门、户、台、榭、阁等等,不 而足。

此外,在园林建筑式样方面,我国相当一部分私家园林都极具徽派风格,在园林中建筑的构成上保持着三间、四合等格局的砖木结构楼房,平面有口、凹、H、日等几种类型,从而具有了各种形式的天井结构。居者处于室内,也可晨沐朝霞、夜观星斗,再炎热的日子里,天井的"二次折光"都会使室内拥有柔和的光线,静谧闲适,温馨无比。事实上,天井的产生和广泛使用就是民间思想直接作用的结果——因为雨水通过天井四周的水枧流入阴沟,俗称"四水归堂",也就是强化了"肥水不外流"之意,体现了徽商聚财、敛财的思想,所以商贾出身的园林主人往往尤喜用之(北方私家园林基于四合院的特殊构成,也往往采用天井采光,如建于1915年的来今雨轩茶社就是一例)。可以说这是民间祈福思想某种形式的表露,造园细节上与此相类的还有"寿字滴水"在园林中的广泛使

---

① 宋·郭思,《林泉高致集·山水训》。

用(如图 2.8)——正是这一思想的直接陈述,变了形的"寿"字结合"蝙蝠""葫芦"一同将"福""寿""子孙绵绵"的民思祈愿娓娓道来,造园者相信,它们能使这一切愿望成真。

图 2.8　寿字滴水

(3)民间文学

民间文学对园林的影响主要是两方面的:首先,表现在名称上——许多民间流传的诗词或者民间故事中的一些语汇,被挪至园中作为亭头之匾、石上之题、左右之联,更有甚者干脆直接将其作为园名而立于门额之上。其例子不胜枚举。比如沧浪亭,其位于苏州城南,是苏州历史最悠久的古典园林,始建于北宋,为文人苏舜钦的私人花园,称"沧浪亭"。其作《沧浪亭记》后,园名大著。后几度易主,清康熙时重建,始有今日规模。其名"沧浪"最早孔孟就有提到,说它出自孺子之口:"有孺子歌曰:'沧浪之水清兮,可以濯我缨;沧浪之水浊兮,可以濯我足。'"后来司马迁《史记》中引述《渔父》一篇时也有《沧浪歌》的记载。于是,倚水而居的私家园林,不仅取水与文献中"沧浪"的意境相合,甚至狂热到了直用其字以为园名的地步。无独有偶,关于"濯缨"一词,则在网师园中有一处佳景得之,其称"濯缨水阁"。也许正是其将"君子处世,遇治则仕,遇乱则隐"的处世原则暗含其中,正好迎合了自身秀才们的心理,才得到了如此的优遇和青睐;换而言之,这也恰恰表现着长期以来,中下层知识分子在做官("濯缨")和隐退("濯足")之间的矛盾心理。再如网师园其名之由来:网师者,渔人也,庄周有《渔父》之篇,屈原亦有《渔父》之诗,柳宗元又有《渔翁》之诗……概意而言,隐且贤,是其真品。所以渔者"隐且贤"的品格特征即深入人心,钱大昕在《网师园记》中有如下记叙:"……为归老之计,因以网师自号,并颜其园,盖托渔隐之义",恰与前面分析相吻合。

其次,是在园林营构情趣上的意合。比如对中国传统诗词中"无我之境"的把握,使造园者往往将"虽由人造,宛自天开"[①]作为园林设计的指导思想和至高境界。又如清代李渔在《闲情偶寄·居室部》中对山石鉴选的原则:"言山石之美者,俱在透、漏、瘦三字……若有道路可行,所谓透也……四面玲珑,所谓漏也……孤石峙无倚,所谓瘦也。"这也正是受了古代诗词潜在的熏陶,从而为谋得意境上的谐映而产生的。事实上,山石瘦、漏、透的意境美在很多诗词里都在不

---

① 楼庆西. 中国园林[M]. 北京:五洲传播出版社,2003:112.

断地强化："荆溪白石出,天寒红叶稀。"[①]"明月松间照,清泉石上流。"[②]"苍然两片石,厥状怪且丑。"[③]许许多多相关的词句,无疑都给予了造园者以遐想的空间,表现出造园者对园林之石的理解,最终在实践中谋求意趣的最终契合(图 2.9)。这种情况不仅仅在假山叠石中出现,在理水、花树经营,以及匠心运筹等方面也都有所体现。可以说,中国古典私家园林的人文意境之深邃,相当一部分得益于高度发达的民间文学之影响。

图 2.9　园林中的石之意境

事实上,相对于皇家园林,私家园林接受民俗文化更加深厚,是第一手的接受。原因很简单,私家园林的主人往往是一方乡绅富贾,或者曾经身处仕途,又或身在朝廷心系田园……这就造就他们一些边缘人物的特有品质:既贴近民间生活,又极力贴合显贵思想;既充满着对自然山水的热爱,往往又渴望彰显门楣之荣耀;既身处仕途之中,又庭系市井百姓之间……在这种观念的影响下,园林从布局谋篇到草木经营,相对淡化了天地崇拜、宗庙崇拜等具有占祀意义的元素,进而以对自然之美的追求、民间风水论断,以及民俗民情为主导影响的成长方向前进。而皇家园林对于民俗的吸收大多数是经由私园的整合,将其中符合皇族品味的艺术元素吸纳进来,往往也就同时将民风民俗、田园野趣、神话传说等带入其中。虽然这种吸收兼容是非直接的、二手的,但是任何一门综合性艺术,所融合的本来就不仅仅是高雅、辉煌的粉饰,而更多源于自身内在的需要:地缘、业缘甚至血缘的关系,混合着审美意识把对园林艺术的理解推向了新的层面,转而形成了一系列实实在在的艺术观念,变成了中国园林艺术背后那一层永远无法遗落的影子。

2.2.2　从雕塑装饰中的诸神了解西方园林艺术

对于欧洲来讲,雕塑造型(尤其是人物造型),几乎覆盖了整个欧洲园林营造史,毫不夸张地说,又往往是园林的画龙点睛之笔,也是传统艺术观念的忠实体现。正如英国 20 世纪著名学者肯尼斯·克拉克(Kenneth Clark)在 *Timothy*

---

① 唐·王维,《山中》。

② 唐·王维,《山居秋暝》。

③ 唐·白居易,《双石》。

Nourse's Campania 扉页上对克劳德·罗兰①(Claude Lorrain)和尼古拉斯·普森②(Nicholas Poussin)的画作的评论:那些画作是罗马黄金时代的园林中追求的最幸福的梦想,在那里人们生活在水果丰盈的土地上,宁静、虔诚而质朴……园林中的一草一木,一人一事,都是人类和自然和谐相处的见证……

正是如此,雕塑在园林中的摆放和选用,也是与园林本身的旋律相关的,或者说,通过对它们的象征意义的解译,从它们身上我们可以得到平时忽略掉的园林暗含的情绪。概而览之,这些园林的人物雕塑除了园主人、当权者和历史名哲之外,绝大多数来自于西方希腊罗马以及北欧神话或民俗民间故事,归结下来主要有三:来自于人类基本生存需要的关于岁月的"丰饶";来自于早期对天堂伊甸园关于"美与欢乐"的憧憬;来自于对"权力与力量"的追求。

(1)关于丰饶

在西方园林艺术的鉴赏过程中,要想深刻地认识一座花园就必须掌握它们的"暗语",这些"暗语"往往能够从它们的雕塑中找到线索。图 2.10 是摄于德国柏林库纳花园的一组照片,这四位自成一体惟妙惟肖的"小胖墩儿"究竟与园林有什么关系,又为什么要饰置于此呢?仔细观察他们,我们不难发现,这四位孩童或手捧鲜果,或手持麦穗、鲜花,神态、表情、动作虽然各有不同,但是从中都能看出一个共同的情绪,那就是对于丰收的欢愉,丰盛而毫无忧惧。不错,这四个孩子分别以拉丁名 Ver、Aestas、Autumnus、Hiems 代表春、夏、秋、冬四季丰饶,衣食无忧。在整个花园区域,其安放的位置处于主建筑的视野正中,背景是逐级而下的水台阶,掩映在四周葱郁的林木和开阔的大草坪,一派生意盎然气氛扑面而来。忽然发现,无论四季如何反复,原来"丰饶"是这库纳花园里不变的赞歌:你看那春天的溢满的鲜果、夏天的成捆鲜花、秋天令人垂涎的果实以及冬天里温暖的火焰与融融的衣裘……这份对丰饶的向往和渴望,站在这庭院里,谁人能不为之感染?

关于四季之神的雕塑还有许多,此处我们还要提到的是与其同等重要,甚至地位远远高于其上的另一位园林中常见的神使:狄奥尼索斯(Dionysus③,或巴克科斯 Bacchus④)和他的随从们。

---

① 克劳德·罗兰(Claude Lorrain),1600—1682,法国著名风景园林画家,生于法国后移居意大利,痴迷于古典神话,很多作品灵感来自于罗马诗人奥维德(Ovid)的诗作,多表现古罗马时代的辉煌,以及人与自然和谐相处的生存状态。主要作品有 *Port with Villa Medici*,*Finding of Moses* 等。

② 尼古拉斯·普森(Nicholas Poussin),1594—1665,法裔画家,在罗马从事几何园林的设计工作,是 18 世纪提出英国园林受意大利园林影响观点的园林设计师之一。主要作品有 *The Continence of Scipio*,*Landscape with Polyphemus* 等。

③ 罗马神名。

④ 希腊神名。

图 2.10　库纳花园的主景四雕塑

在罗马和希腊神话中许多人物是共有的，只有些微的差别，而作为丰收和富饶代表的酒神，狄奥尼索斯（或巴克科斯）永远是为人类带来累累硕果，建立着文明与秩序的基础。也许正因为自己母亲塞莫勒(Semele)的悲剧性[①]，狄奥尼索斯性格中带有狂放的一面，所以同时也是狂欢之神，往往被理解为丰收之后（或胜利之后）的狂欢。事实上，狄奥尼索斯也是众神之中最贴近自然的天神之一，为了躲避妒火中烧的天后赫拉(Hera)的毒手，他从小在与世隔绝的森林里生活，于是具备了：勇敢，与野兽搏斗的勇气和力量；勤劳与爱，亲手种植葡萄并与自己的养父母们共同享用；温和与善良，与百兽、林木、河泽之神为友（他常见的随

---

① 塞莫勒在妒火中烧的赫拉的诱骗下，开始怀疑自己的情人宙斯的真实身份，并逼迫他以天帝的形象在自己面前出现。宙斯不得不在电闪雷鸣之中走向自己的爱人，塞莫勒则以被霹雳烧成灰烬的惨死而收场。

从——萨蒂尔就是低等的林泽之神)……所以在园林艺术中,狄奥尼索斯也是最常见的雕塑造型之一,他担负着促进万物生长的责任,同时又保障人们获得最后的丰收,热情地鼓励和支持人们的各种节日、狂欢和庆祝活动。

图 2.11a 是存于意大利巴尔杰罗博物馆(Museo del Bargello)米开朗基罗的酒神巴克科斯(Michelangelo's Bachus)[1],图 2.11b 是存于法国卢浮宫的狄奥尼索斯[2],图 2.11c 是笔者随导师赴意大利参加第二届国际景观园艺学术研讨会时,摄于佛罗伦萨著名的波波里花园(Giardino di Boboli)。通常情况下,狄奥尼索斯总是或以长胡须的老人形象或以俊美青年的形象出现,为了便于说明和辨认,此处三幅皆选取了青年形象的狄奥尼索斯。从中我们不难发现,酒杯、葡萄、树干是狄奥尼索斯的标志性形象,也是园林雕塑中使用最为广泛的题材。其中葡萄代表丰饶、酒杯代表欢乐、树木代表亲近自然——在园林中的狄奥尼索斯是希望、欢乐与三者的平衡体,所以他的安放位置或在路与林的交接,或在果园的附近,或在人们狂欢和集会的草坪,这正是由他神性中的三个属性造成的。可见了解西方园林艺术中雕塑的神性,如认识中国园林艺术中的民俗传说一样,都是研究和进一步掌握园林精神所必备的一课。

a   b   c

图 2.11　不同时期的酒神形象

---

① 所在地:Michelangelo's Bachus. Museo del Bargello, Florence, Italy。

② 馆藏位置:Department of Greek, Etruscan and Roman antiquities, Denon, ground floor, room A. 馆藏说明:Marble, 2nd century CE (arms and legs were heavily restored in the 18th century), found in Italy. (大理石,2 世纪,胳膊和腿部曾于 18 世纪大面积修整,发现于意大利)。

　　仔细看米开朗基罗的酒神,在右下角可以发现有一个不起眼的小角色,似乎是一个羊蹄人身的小怪物。是的,这便是常常以狄奥尼索斯随从身份出现的低等林泽之神——前面提到的萨蒂尔(Satyrs)。萨蒂尔在园林雕塑中也常常独立出现,是主人狄奥尼索斯性格中狂欢和放纵方面的进一步深化,传说中他长着羊蹄、马耳,虽有人面却相貌粗俗并不英俊,这种未脱去的兽性进一步迎合了酒神随从的性格,其本质特点也正是表现为嬉乐和滑稽的、淫欲和放纵的、热爱酒与音乐的精灵神形象。在 1849 年伦敦出版的一本著名诗集《妄想与迷狂》(如图2.12)中曾有一首专门描写萨蒂尔的诗①(全诗如图 2.13),将其形象描摹得惟妙惟肖。此诗名为《玛尔贝肯看到海伦娜与萨蒂尔跳舞(MALBECCO SEES HEL-LENORE DANCING WITH THE SATYRS)》,其中"放纵、放任的取乐(Luxu-rious Abandonment to mirth②)""那戏闹的萨蒂尔啊,充盈着新鲜的快乐,敏捷地径直跑来跳舞(The jolly satyrs, full of fresh delight, Came dancing forth,

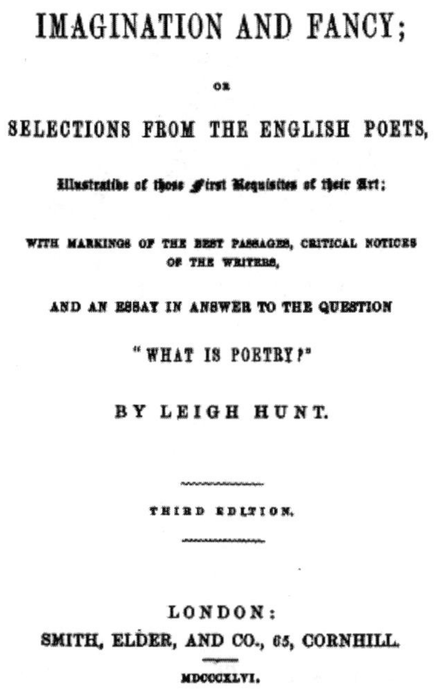

IMAGINATION AND FANCY;

OR

SELECTIONS FROM THE ENGLISH POETS,

Illustrative of those First Requisites of their Art;

WITH MARKINGS OF THE BEST PASSAGES, CRITICAL NOTICES OF THE WRITERS,

AND AN ESSAY IN ANSWER TO THE QUESTION

"WHAT IS POETRY?"

BY LEIGH HUNT.

THIRD EDITION.

LONDON:
SMITH, ELDER, AND CO., 65, CORNHILL.
MDCCCXLVI.

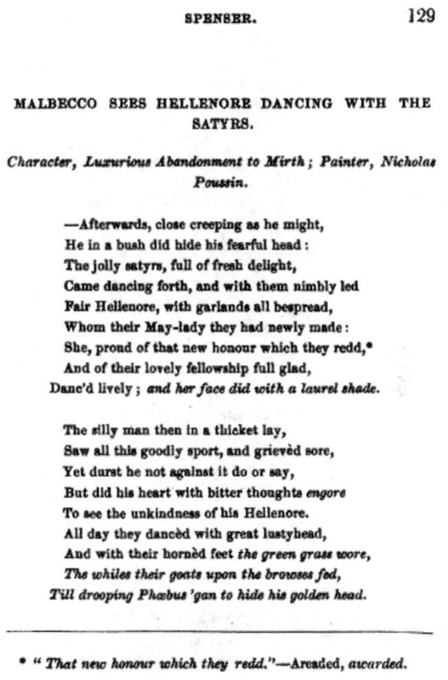

SPENSER.　129

MALBECCO SEES HELLENORE DANCING WITH THE SATYRS.

Character, Luxurious Abandonment to Mirth; Painter, Nicholas Poussin.

　　—Afterwards, close creeping as he might,
He in a bush did hide his fearful look :
The jolly satyrs, full of fresh delight,
Came dancing forth, and with them nimbly led
Fair Hellenore, with garlands all bespread,
Whom their May-lady they had newly made :
She, proud of that new honour which they redd,*
And of their lovely fellowship full glad,
Danc'd lively ; *and her face did with a laurel shade.*

The silly man then in a thicket lay,
Saw all this goodly sport, and grievèd sore,
Yet durst he not against it do or say,
But did his heart with bitter thoughts *engore*
To see the unkindness of his Hellenore.
All day they danced with great lustyhead,
And with their hornèd feet *the green grass wore,*
The whiles their goats upon the browses fed,
Till drooping Phœbus 'gan to hide his golden head.

　* " That new honour which they redd."—Arcaded, awarded.

图 2.12　《妄想与迷狂》诗集封面　　图 2.13　《玛尔贝肯看到海伦娜与萨蒂尔跳舞》全诗

---

　　① Leigh Hunt. Imagination and fancy: or, Selections from the English poets, illustrative of those first requisites of their art; with markings of the best passages, critical notices of the writers, and an essay in answer to the question, "What is poetry?"[M]. Smith, Elder and Co. 65 Cornhill, 184: 129.

　　② Leigh Hunt. Imagination and fancy: or, Selections from the English poets, illustrative of those first requisites of their art; with markings of the best passages, critical notices of the writers, and an essay in answer to the question, "What is poetry?"[M]. Smith, Elder and Co. 65 Cornhill, 1846: 129.

and with them nimbly led①）""拖着那充沛而贪欲的脑袋,整天都沉浸在舞乐之中（All day they danced with great lusty head②）"等词句,无不将散播欢乐与放纵的狄奥尼索斯随从身份刻画得精准到位。

　　在欧洲著名的德国无忧宫（Schloss Sanssouci）里,有一方美丽的园中园,而在层层环绕翠草繁花的花园中心的凉亭里,就坐落着一尊小萨蒂尔的青铜雕像（图2.14）。雕塑中的主角尚未成年,但仍然惟妙惟肖地显示出了萨蒂尔的基本特征,如头生雏角,后有短尾,双脚为羊蹄;此外,他面如孩童,表情天真可爱,小口微张做欢呼状,似乎引领着人们的欢笑和喜悦;姿势方面,只见他左手伏地,右手将酒坛倾倒,坛中的美酒不多不少,正潺缓落入其下的泉池之中,虽然细如棉线却连绵不绝……形象栩栩如生,俨然一副酒神小使者的神态样貌。当游者落座于庭中,再回头环顾整个庭院时,只见那四面作环形围绕的重重花圃里花繁叶

图2.14　无忧宫的小萨蒂尔铜像

①　Leigh Hunt. Imagination and fancy; or, Selections from the English poets, illustrative of those first requisites of their art; with markings of the best passages, critical notices of the writers, and an essay in answer to the question, "What is poetry?"[M]. Smith, Elder and Co. 65 Cornhill, 1846: 129.
②　Leigh Hunt. Imagination and fancy; or, Selections from the English poets, illustrative of those first requisites of their art; with markings of the best passages, critical notices of the writers, and an essay in answer to the question, "What is poetry?"[M]. Smith, Elder and Co. 65 Cornhill, 1846: 129.

丰,蜂蝶群舞,面前的小萨蒂尔楚楚可爱,如同在说"喝吧! 喝吧! 为了这丰饶,举杯! 让我们开怀起来,唱起来,跳起来吧!"看到这里,不禁使人生疑:"难道,这里与欢宴有关系吗?"不错,从这里缓步再走不足一刻钟的样子,就是无忧宫里皇室家族的寝宫,而这里就是常常举行皇室家庭的小型狂欢派对的场所。所以在这里,借助酒神的使者,带来美酒与欢乐。雕塑,正讲述着园林的心意故事……

从这里看去,似乎萨蒂尔是临界状态的形象——"丰饶"与"欢乐"的过渡人物,事实上,两者本来就有着密切的联系,不同在于前者是立足在"物质丰饶"之上的快乐,而后者则是立足于"美的感受"之上的快乐。下面我们就在这一层面上,继续讨论西方园林艺术中神话雕塑的第二部分:关于美与欢乐。

（2）关于美与欢乐

"美"与"快乐"是不分长幼的孪生姐妹,总是不期而至,它们是人类灵魂深处的憧憬,这种憧憬被一次又一次地神化,于是自然而然地迎进了神的世界,在诸神之中散发着熠熠的光彩。毫无疑问,在他们之中最为夺目,同时也是园林雕塑中最受宠爱的,自然要数"性爱与美貌女神"阿佛洛狄忒（Aphrodite,或维纳斯）。从她诞生的那一刻起,就注定了她的身份角色——她是由乌拉诺斯（Uranus）外生殖器周围形成的海水泡沫生成的,而"乌拉诺斯就是'大地之母'该亚（Gaea）的第一批子女（天空、山川和海洋）中的'天之神',同时又以此身份与该亚相继诞下了诸位泰坦神（Titan）、独眼巨人（Cyclops）和百臂巨人（Hecatonchires）"[①],可以说是当之无愧的"诸神之父"。"当乌拉诺斯被自己的泰坦神儿子'农神'克洛诺斯（Cronus）阉割之后,被割下的生殖器漂在海上,从周围泛起的泡沫之中诞生了阿佛洛狄忒。"[②]可以说,是乌拉诺斯生殖器中所有生命力的释放,同时又以"泡沫"这样一种唯美的方式,诞生在该亚的另一个子女"海洋"的怀抱之中。毫无疑问,作为"性爱与美貌女神",阿佛洛狄忒是再合适不过了。因为她特殊的身份,所以在园林之中往往以她作为主角的地方,也就是园林里最华美并最具神圣色彩的圣坛（Sanctuary,也称之为圣殿,台译"庇护所"）之所在,隐喻很明显,在这里任何关于美与欢乐的祈求都有可能成真,庇护脱离那蒙受的苦难,而走向内心深处的欢愉。但有意思的是,阿佛洛狄忒圣坛的安放位置却大大地有别于其他诸神圣坛。

在《泉、雕塑与花,解读意大利 16、17 世纪园林（Fountains,Statues and Flowers：Studies in Italian Gardens of the Sixteenth and Seventeenth Centu-

---

① 译自 Encyclopædia Britannica：a new survey of universal knowledge[G]. Vol. II. Encyclopoedia Britannica,1963：111.

② 译自 Encyclopædia Britannica：a new survey of universal knowledge[G]. Vol. II. Encyclopoedia Britannica,1963：111.

ries)》一书的作者伊丽莎白·麦克杜格尔
(Elisabeth B. MacDougall)谈到德斯特别墅
(Villa d'Este)的维纳斯雕塑（如图 2.15①）
时,曾通过引用希腊旅行家和地理学家保
塞尼亚斯(Pausanias)对雅典卫城阿佛洛狄
忒的描述,特别指出了这个问题:

　　这第二组雕塑(至少在绿廊下面的那部
分)极似保塞尼亚斯对雅典卫城"园林之中
的阿佛洛狄忒"的小圣坛的描写。他说:
"(那个)圣坛的圣像并不像别的一样放在殿
中,相反搁置在外界的花园背景之中。"虽然
现在我们从许多希腊花瓶中可以了解到有
相当一部分希腊人的(阿佛洛狄忒)雕塑坐
落在山丘的背景前,也有带翼的圣灵环绕左
右,但是构成安排之如德斯特别墅的案例在
16 世纪的园林中是很少见的。②

27. Venus,Eros.and Anceros statue
group formerly in the fontana
notica in the d'Este villa on the
Quirinal engraving from G.de
Cavalieri.Antiqtar statune...Rome.
1585 (photo:Dumbarton Oaks)

图 2.15　德斯特别墅的维纳斯雕塑

　　也就是说,从雅典卫城到德斯特别墅再
到希腊花瓶描绘的阿佛洛狄忒的(且不论她
造型的构成安排),几乎无一例外地将她与
带翼的圣灵们的圣坛安放在外界。当东方
人还在百思不得其解的时候,西方人已经从
她的出处揭晓了答案:作为天空的乌拉诺斯正是她的父亲啊! 阿佛洛狄忒的头
顶是自己的父亲"天空之父",脚下是自己的母亲"大地之母",在天与地之间散发
着"爱"与"美",以浓浓的爱欲与生殖力不断催生滋长万物,于是在她的神奇力量
下,天地间所有得到眷顾的生灵和植物都可以重新繁茂生长,各自展现着美丽的

　　① Elisabeth B. MacDougall. Fountains, statues, and flowers: studies in Italian gardens of the six-
teenth and seventeenth centuries[M]. Dumbarton Oaks, 1994: 31.
　　② 笔者译,原文为"... The second group, at least the part under the pergola, is like the small sanc-
tuary described by Pausanias(1.19.2) of 'Aphrodite in the Garden' on the slopes of the Acropolis in Ath-
ens. He says of the sanctuary that the cult statue was not placed in the temple but rather was outside in the
surrounding garden. Although we now know a number of Greek vases that show the Athenian statue seated
in front of a hilly background and with two erotes accompanying her, an arrangement very similar to the
d'Este group, it is unlikely that any of them were known in the sixteenth century."Elisabeth B. MacDou-
gall. Fountains, statues, and flowers: studies in Italian gardens of the sixteenth and seventeenth centuries
<Dumbarton Oaks Other Titles in Garden History Series>[M]. Dumbarton Oaks, 1994: 32.

生命力（因此在叙利亚和腓尼基人眼中，她还是一位春之女神）。这时再看其在整个园林景观的位置，方才豁然开朗，无怪乎但凡有阿佛洛狄忒的庭院，其圣坛不是处于庭院几何重心便是处于整个园林中植物最为繁茂旺盛之所了——前者是对全园繁盛妙美的冀望，后者则是对她神力结果的有意彰显。这位美丽女神、爱之母、欢笑之女皇，不可或缺地在古典园林中出现，出场率更是名列前茅。

　　说到了阿佛洛狄忒，在这里还必须谈谈她的随从——"美惠三女神（The Graces/Kharites）"，因为在园林中她们也是时常出现的角色，很多时候都是作为阿佛洛狄忒欢乐的代言在林径、露天乐场边角、集会草坪四周等次要地域独立出现的。美惠三女神与丘比特（Cupid①，也称为 Eros 厄罗斯②、Amor 阿摩尔）、缪斯（Muse）、时序女神（Horae）一样，都是希腊罗马神话中的次神，所以身份相对较低，但是也正因为这一优势，美惠三女神只被当成一种"美与快乐"的元素，不必成为或者影响园林的主旋律，而可以常常被各类园林所使用，因此在园林中出场的频次常常不下于自己的主人。美惠三女神是妩媚、优雅和美丽的三位女神的总称，她们与诸神结伴载歌载舞，为人间带来欢乐。在园林中作为雕塑的她们样貌姣美，动作轻盈跳跃，苗条娇柔的身材、天真烂漫的情致……这些特点与缪斯女神几乎一样，能区分的重点只有两处：一是手上的所持物，美惠三女神常常手捧鲜花，尤其是玫瑰和长春花（Myrtle），而缪斯女神则多数手持各式乐器或乐谱，有的则口唇微张、作浅吟清唱状；二是数量，前者一般三人为伍很少分开，而缪斯女神则有九位，打散出现的情况在园林中也不属罕见。把握了这两点，就不难分辨她们了。如果再从表现快乐的本质来看，美惠三女神所表现的是美的抽象概念"妩媚、优雅和美丽"，而缪斯女神则是依托音乐而带来美与快乐的感受。所以缪斯女神在园林中多被安置于露天的乐场附近，有"助乐"之意，或者零星出现在园林中的莺啼蝶舞之地以彰其"天籁之声""自然之乐"的心理感受。每每临近其间，依稀如缪斯在左，载舞载歌，浑然间以为游入圣境。

　　正如美惠三女神是阿佛洛狄忒的随从一样，在希腊神话中缪斯们则是常常作为阿波罗的随从身份出现。那么是不是意味着，在园林艺术中阿波罗也是"美与欢乐"的代表呢？事实上，阿波罗的性格中有两个重要的特点，缪斯们代表的是他第二个特点——对音乐的热爱，并用音乐安慰给人以力量，医治人们的心灵。以这一面出现在园林中的阿波罗人像雕塑，往往手持里拉琴、面容温柔而沉醉、姿势慵懒（如图 2.16a③），这些雕塑的安放原则也基本遵循缪斯女神的布局

---

　　① 罗马神名。

　　② 希腊神名。

　　③ "持里拉琴的阿波罗与圣蟒"（The Lyre and The Sacred Snake Python），大理石雕塑，丹麦哥本哈根的 Ny Carlsberg Glyptotek 美术馆存。

法则。但是,阿波罗中性格的第一个特点作为其主要特点,相较前者在园林中的出现也更多,这一特点就涉及了本节要探讨的最后一个类型"关于权力与力量"。

(3)关于权力与力量

阿波罗让人们家喻户晓是以他宙斯(Zeus)最杰出的儿子——"太阳神"的身份,他是憎恨一切肮脏与不洁的光明之神,用百发百中的锥形神箭作为武器与一切黑暗和邪恶势力做斗争。一方面他能够以温暖的阳光驱逐寒冷,给万物滋养,另一方面也可以用炎阳毁灭世界烧灼一切。这一面的阿波罗神(图2.16b①)与缪斯的主人阿波罗神相比,往往衣装干练,身形矫健,手持长弓,下颌微敛,神情肃穆,俯看的双目中透射着审视和问训的意味……举手投足中,无不显示出自己是仁爱与严厉并重,慈祥地拯救生灵同时又随时掌握着生杀大权,集权力与力量于一体的天神。

a   b   c

图2.16 阿波罗雕塑形态

其正是由于这一性格特色,迎得了历来欧洲皇室贵族的青睐,也成了宫殿园林中的"常驻明星",其中"追星"追到最一发不可收拾的要数号称"太阳王"的路易十四,而他举世闻名的"太阳宫"凡尔赛宫,则是处处可见阿波罗的踪影。有趣

---

① "阿波罗"(APOLLO),大理石雕塑,英国牛津大学属的阿什蒙里恩博物馆(Ashmolean Museum)馆存。

的是,凡尔赛宫的太阳神阿波罗,虽然大部分保持了"权力阿波罗神"的形象,但是在某些阿波罗雕像中,也尽力融入了一些"音乐阿波罗神"的形象特征:如图 2.16c 是笔者摄于凡尔赛宫靠近米鲁瓦尔(Mirroir)处的阿波罗,这尊雕像虽然手持神箭,却并没有剑拔弩张,动作也并不具有力量感,而是随意地将重心倚向身体的左侧,整个身体自然地顺势扭转成向上的姿势,双眼望向箭镞,似乎在细数箭筒中的弓箭,整体构图显得十分轻松自在。为什么呢? 紧接着,我们又赫然发现了与之并肩而立的还有美神维纳斯(即阿佛洛狄忒),再看一看这清澈灵动的米鲁瓦尔湖水悠悠漾漾,掩映在葱翠林间,顿时豁然开朗——不错,这个美丽的小园正是当时宫廷乐师练习曲目的首选,也是凡尔赛宫静谧而又浪漫的一隅⋯⋯所以虽然在这样一个权力与力量之上的太阳王宫殿里,为了迎合小园的需要,仍然在这里画龙点睛地安置了一尊身携弓箭却能不脱缪斯主人柔美的阿波罗,真可谓颇得机巧匠妙了。

事实上,关于西方园林中的阿波罗形象,还有展现阿波罗早年逃避妒忌的天后赫拉追杀,在逆境中奋斗的阿波罗形象(如"杀死蜥蜴的阿波罗"),相对会多一份少年的胆大鲁莽和天真无邪,往往置于皇室贵族幼嗣的寝殿附近。但这些仍然都没有逃开他这关于"权力与力量"的性格主题,而在园林中与阿波罗有相似语义、同样备受宠爱的雕塑角色还有(图 2.17):海皇波塞冬(Poseidon),摄于皇室宫殿园林茨威格堡(Zwinger);英雄大力士赫克勒(Hercule),摄于皇室宫殿园林格罗瑟花园(GrosseGarten);胜利女神维克多利亚(Victory,尼克 Nike[希]),

图 2.17　园林中的权力与力量

摄于将柏林市最大的公园(提尔公园,Tiergarten)一分为四的中心——胜利女神柱上;以及象征战争与智慧的女神雅典娜(Athena),摄于皇家宫殿园林凡尔赛宫……这类雕塑人物所出现的园林场所一般不是在皇室、政府所属的园林中,就是有特殊意义的纪念公园,具有凝重气氛、肃穆威严的作用。

了解了这些神话的来龙去脉,也就不难理解西方古典园林艺术中形形色色的雕塑究竟目的何在了——它们千姿百态,从不同角度呈现着那些简简单单的美好期望。走在西园的绿廊之上,凝神注目这惟妙惟肖的神话人物,细细品味着背后的故事,这才恍然理解到造园者良苦的匠心:雕塑如同园林艺术的点睛之笔,读懂它,就读懂了这一方草地的涵义。

2.2.3 从启智方式领悟中西方园林景观艺术

无论是民俗还是神话,亦无论是绘画、装饰还是雕塑,它们在园林中的存在还具备了一个重要的意义——启智,而启智的方式和手段对于形成和完备相关的艺术观念也有着莫大的关联,本节就从启智方式入手,一步一步走入中西方园林景观艺术的观念异化。从启智方式上来分,大约可以分为两类:知识故事型和抽象哲理型。中西园林在两者之间各有优势,下面分而述之:

(1) 知识故事型

    a   b

图 2.18 汉堡植物园的知识型启智

知识型的启智主要是通过园林的某些装饰,对游园的受众传达一定的常识或某些相关的普及性知识。比如,大部分园林中共有的基本启智——对苗木、花卉种类的辨识,许多当代的植物园与部分公园就是深化对这一部分的启智,通过配合更直观、详细的启智手段来加以对植物的常识解释说明。如图 2.18[①] 摄于德国的汉堡植物园(Botanischer Garden),这所植物园虽名义上隶属于汉堡大学,

① Botanischer Garden(Universität Hamburg),Hamburg,Germany.

但是完全面向德国大众开放,可以说是以植物为主题的公园。游人从中可以随时随处以直观的方式获得各种对植物的感性印象。比如图2.18a就是一个对花香的辨识解说,公告栏上写的是包括玫瑰、丁香、薰衣草等六种花卉的不同香味,其各自的功用,而下方的六个并排的木室分别盛放不同的干花,当人们将鼻子凑近木室的排气孔,再按动每个木室上方各自的绿色按钮,一股浓郁的香味就会和着气流送出,人们毫不费力就记住了这些香味的区别。图2.18b则是对不同树种的内外展示:每块木标上都有树名,游人可以通过比较各自的树皮和内部树纹加以辨识。

除了植物种类等科普方面,还有常识性的启智,比如对人物的认识,如著名的诗人、哲学家,彪炳显赫的将军、能臣,先代的皇室成员,传说中的英雄,神话中的人物,等等。在中国园林艺术中多数以绘画形式在栋梁、壁面等地方出现,如讲述神话故事的组图"嫦娥奔月""八仙过海各显神通""孙悟空大闹天宫",讲述圣贤古圣贤逸闻的"庄周化蝶""老子出关""司马光砸缸救友",讲述求学精诚的"程门立雪""凿壁偷光",讲述英雄人物的"关帝单骑走千里"以及表达福寿愿望的"异兽(益寿)图""蝠鹿(福禄)图""仙桃图""百寿图",等等,各具姿彩举之不尽。而许多皇家园林更是将这类启智用到了极致,如颐和园昆明湖沿岸的长廊栋梁之上,长达七百余米的长廊从"水木自亲"到"渡船口",枋梁彩绘、数步一图,几乎没有重复,有道是:"长廊一遭走,段子肚里有。"在这个层面上,西方园林中则更多地以雕塑的形式展示出来,让观者从中获益知识。如图2.19是笔者于2009年4月在英国伦敦考察时摄于荷兰花园(Holland Park)的西南角庭院之中。该庭园基本呈矩形分布,走向为东西向略偏南,规整的几何式布局分为三段:左右两块是以矩形块状组合的花圃,各有八块;中间是以菱形为主要元素的花圃,以花圃中心为交点被"X"状园路轴对称均匀切割,在这个中心的中心搁置着一尊青铜雕塑(如图2.19,左右两幅分别从东侧和西侧拍摄)。雕塑名为"克罗托的米罗"(Milo of Croton),正下方的石板就是对它的介绍(图2.19下方),其讲述的是这样一个故事:米罗是古希腊著名的摔跤好手,一天他走在森林里看到了一块被木楔分开来的树桩。于是,米罗走上前试图徒手沿劈口撕开树桩,结果木楔因为受力松动而掉落,自己的双手反被夹在了树桩之中,他最终被群狼所吞噬,落得个虚荣的卖弄武力者的悲惨下场。似这类带有寓意的装饰几乎无处不在,透过园林艺术这样一张特殊的口,点点滴滴地给游者以启示,使其在文化的精粹之间感受着静静庭院要讲述的话语。

此类以故事为基础的启智,虽然带有了哲理的寓意而令人回味,但根本上讲,仍然是具象的,以陈述某类知识或常识为主的。而园林中启智的另一类,则展示的是抽象的哲理,甚至是灵魂深处的叩问。

图 2.19　荷兰花园内的"克罗托的米罗"

（2）抽象哲理型

抽象哲理型则更多地反映在东方的园林艺术中，常常以文字或者别致的布局排布，带给观者以特殊的心理感受。这些文字可以是题款，可以是匾额，可以是楹联，可以是碑文，也可以是几种的结合，如图 2.20 便是以对联、匾额以及周边环境共同在园林之中创造出抽象的感受。我们不妨先看匾额："岁寒亭"——虽然点题，却仍不明晰，究竟是说身处此亭能有岁寒之感受，还是说在岁寒之时，此处的风景独好、耐人玩味？接着继续看左右两边的对联：上联"青松翠柏后凋有志"，下联"绿竹红梅先发为荣"。读到这里，对园中此景的文意已经基本明晰：是以青松、翠柏、绿竹、红梅四物作喻，意在歌颂不畏寒苦傲然挺秀的精神。但是到了这里并没有完

图 2.20　南京瞻园"岁寒亭"

结——再环顾四周发现周边遍植翠竹，青松古柏也相杂于眼前，踱步入亭，不期然竟已然与诸君子为伍。及至隆冬时节、百物肃杀，在这金陵府瞻园之内，登临亭中，正怨四面通透、冷风瑟缩，苦寒虽锦裘而不能庇，忽见翠竹结伴映雪挺立，古柏苍葱如笑如歌；又有寒梅清洌，淡饴入鼻，回思此"后凋"之志与"先发"之荣，敬君子之执着，亏适才之卑微，于是奋发之情骤起，方明白这"岁寒亭"之真意。

以中国为代表的东方庭院中，此类启智方式极为常见，有相似匠心的诸如留园"涵碧山房"、苏州狮子园"立雪堂"、西安兴庆宫"翠竹亭"、"缚龙堂"……这类以匾额、对联文字配合景色而别蕴深意的方式，同时也是园林艺术中意境创造最重要的手段之一，观者在顿悟之中拊掌而叹。但是关于抽象哲理的启智，还可以更为深

入、隐含——它可以没有文字、没有刻意的题眼，也可以没有答案，但是于专注于景致之中的人们而言，往往是投射在灵魂深处的思虑。这也是东方园林艺术中所独到的启智方式，我们可以把它不那么确切地暂时称之为园林中的"冥想"。

事实上，园林之中处处可以冥想，只是在这类地方更容易引人走入与自己深度的思想对话。这类园地在宗教园林中屡见不鲜，发挥到极致的有以日本枯山水（かれさんすい）为代表的园林布局，如图 2.21 就是两幅日本京都的禅宗枯山水。"日本园林中的'枯山水平庭'的创作，渊源于水墨山水画的构思"①，而水墨传于日本的起源要追溯到日本平安时代，当时，派往中国唐朝的遣唐使将水墨画带回了本国后，造园家在水墨意境的基础上向园林艺术领域继续发展。到了平安时代末期，日本的《作庭记》一书首次明确地记载了"枯山水"，室町幕府时代，枯山水从禅宗僻静的禅院走向了皇家园林和部分寺院，到了江户时代枯山水与此前日本著名茶人千利休影响下的日式茶庭浑然一体，发展成为具有独特风格的日本庭院。"枯山水是日本庭院特有的象征，通过以碎石代替实际的山和水，有效的铺设陈列以及纹理的布局使人达到灵魂宁静、浑然忘我的境界。其中碎石子和细沙主要代替和模仿水"②，而大块岩石或岩石组则主要有三种模仿类型：一组是自然物（山丘、岛屿）、二组是灵物（如龙、虎、鱼等）、三组是玄字（如心、灵等）。数百年来，人们对于枯山水能启发人们内心深处的智慧之功效给予了充分的肯定，甚至认为枯山水是僧侣们进入"无念无想的禅修冥想（无念无想の禅の瞑想）"③的辅助工具。

图 2.21　日本枯山水庭园

①　周维权. 中国古典园林史[M]. 北京：清华大学出版社，1999：16-16.

②　職業能力開発大学校研修研究センター. 造園概論とその手法[M]. 東京都：職業訓練教材研究会，1998：194-194.

③　湯浅泰雄. 密儀と修行：仏教の密儀性とその深層[M]. 東京都：春秋社，1989：369-369.

　　除了日本的枯山水之外，中国的园林艺术中也还有许多具有同样启智功能的庭院，如小到园林中喜闻乐见的配饰元素"湖石"，大到将苏州怡园分为东西两院的"复廊"，其形幽曲、左右"通花渡壑"，令游人常有怅然若失、顿然若得、石壑启妙、花香驰思的感受；又如拙政园的"与谁同坐轩"（图 2.22），"与谁同坐？清风，明月，我"，皆是皆非，只见亭下碧波粼粼，而潭中白塔正与自己相对，静静无语，在微漾的水面似游似走，转眼神思飞扬：究竟"谁与我同坐？而我又是谁？"……正是这样一种特殊的启智方式，成百上千年帮助推动着中式园林艺术独特的造型、装饰、布局的发展走向。反观如今林林总总的仿古园林，其中不乏即使模拟了个八九成形似，终究总觉得"不合味儿"的例子，回想起来倒有不少在启智方式上也是中西混淆、张冠李戴。不难发现无论中西，对于古代园林的模仿修筑也好，鉴赏游玩也罢，启智方式，是形成艺术观念中极为重要的一环，更是园林艺术发展的推动力之一。

图 2.22　拙政园"与谁同坐轩"

小结

　　正如本章引言部分所提到的，"如果只知道艺术家和设计师具备的云团共同特性——他是什么样类型的人，要解决艺术的形成问题，显然是不够的。除此之外，还需要了解他具备怎样的艺术观念、他想表达什么思想、他会选择哪些主题和材料等等其他云层的阴影补偿。因为对于多变的云层整个运动过程而言，虽然可能只是历史长河的一个时间点，但是只要它存在过，就一定会在地面投下阴影"。艺术观念是左右中西园林发展的关键因素，通过从世界观、民俗、神话与启智方式的诸类"阴影补偿"之后，中西园林艺术的异化也逐渐变得有据可循，所有的原因也似乎明晰起来。这是一个好的开始，艺术观念的问题虽然在这里暂时告一段落，但并不是本书的结束，下面将会从艺术门类的角度，探讨园林艺术与其他艺术融通的问题，进一步在园林艺术的研究上关注云层与阴影之间的联系。

第 3 章 融通:门类艺术与中西方园林景观艺术

在绪论部分,笔者就曾借引过海德格尔《林中路》中"把作为语言的语言带向语言"一句来解释"把作为艺术的艺术带向艺术"。其中,关于绘画艺术与园林艺术的导向关系,已经有许多前人详细地论证过,绘画与园林艺术的联动性几乎达成了普遍的共识。而本章则是从导向研究相对较少的"音乐"和"雕塑"来"带向"园林艺术,以中西方各民族自有的门类艺术例子,为园林艺术与其他艺术门类的融通更添一例,借以推一及广,完备阴影补偿理论的另一片云层。

3.1 音乐与园林艺术元素关系论

梁思成先生曾经将建筑概括成"凝动的音乐",其文章《千篇一律与变化》中也多少谈到了一些如"持续性"[①]"伴奏"[②]等建筑与音乐的共性。三年来,从中国、日本、韩国到德国、意大利、法国甚至英国,笔者站在这些风格迥异的园中,深深地感觉到空气中氤氲回环的氛围里,有一些不安分的东西跳跃着,在耳畔,在眼前——这种音乐的脉动在园林中比建筑更有过之而无不及。倘若把这些感受概括成古典音乐,那就是幽婉秀致的中国音乐,是神秘而呜咽的日本音乐,是宏大而强烈的欧洲音乐……园林艺术与音乐之间、"视"与"听"之间,永远有着一层微妙而不可思议的联结。

随着大工业化发展,国际化进程不断深化,越来越多的"相似"与"相同"充斥在当今人们的生活中,越来越多的学者关注在园林艺术发展过程中的艺术领域,也就是园林艺术的原本的"本土地方性""归属领域感"。本节以谦虚谨慎的态度,从园林艺术的音乐性的层面上,立足于音乐与园林在民族文脉的共通性上展开讨论;此外,中西方音乐与园林元素关系论,是中西方园林景观艺术比较研究的重要内容之一,希冀本节中对园林的音乐本土特性的梳理,有助于进一步拓展对中西方园林景观艺术差异的理解。

---

① 梁思成. 凝动的音乐[M]. 天津:百花文艺出版社,2006:258-259.
② 梁思成. 凝动的音乐[M]. 天津:百花文艺出版社,2006:258-259.

3.1.1　动机到主题——关于旋律

　　动机、乐思和主题是构成音乐旋律的要素，同时，它们也是园林景观中旋律的要素。其中，动机为最小单位，是主题的铺垫；乐思与动机的组合，形成主题的基础；主题则是真正形成旋律、统领旋律的本位。而中西方园林景观中迥异的风格状态，正是其视觉旋律的差异导致的。那么我们不妨称此为"园林的旋律"，并以此为线索分析其成因与结果。

　　就动机而言，东方传统园林着重"醉心即是"的"合宜状态"，所以在择地之初便有言"凡结园林，无分村郭，地偏为胜"①，暗合于古代乐理中常常引述的"大音希声"②——"中国音乐一般具有'平和宁静的风貌'，可以说是'和静'美学观的艺术折射。它不同于西洋音乐的强烈威猛……非常内在细腻，表达情感也在平和中见博大深沉"③，也就是说，真正的好的音乐是要杜绝复杂躁动的。仍然以前文提到的枯山水为例，图 3.1a 是京都龙华寺的枯山水庭院，这些小碎石与大的无人空间（枯山水不同于巡游园，大多数是不可进入的静观园）形成了很大程度的视觉张力，再加上开放林地增加的清幽与鸟叫虫鸣所带来的深远，创造出一种空灵玄幽的旋律感受。这种静谧幽玄的空间旋律感有时甚至强烈到可以使观者步入"忘我""忘物"的境地，继而进一步地思索生存、生命的真义。无论是音乐或是园林的构建，都欣赏此种"至简朴素、自然流畅"的韵律，我国著名音乐理论家蒲亨强将其概括为"要以平和宁静之心，咀嚼橄榄之态，精吸细吟，方得其妙"④，计成在园冶中描绘出"竹里通幽，松寮隐僻，送涛声而郁郁，起鹤舞而翩翩"的理想状态⑤——我国传统园林最有成就的旋律也在于此：从明清遗存的诸类园林旧址可以看到，从江南私家的拙政、网师诸园到北方的各类皇家园林，无不截然于西方园林的开阔排场，这皆得益于精深的思冥和内在细小的心灵触动，美奂于"自然""虚静""心斋""坐忘"之境，沉醉赏析于"咀嚼橄榄之态"。此外，阴阳互补、动静相合的美学体悟作为补充的艺术动机，也双双融合在东方的音乐和园林景观艺术的构成之中。

---

①　[明]计成. 园冶图说[M]. 赵农，注释. 济南：山东画报出版社，2005：37.

②　蔡仲德. 中国音乐美学史[M]. 2 版. 北京：人民音乐出版社，2003：145. 全句出自《老子·道德经》："大方无隅，大器晚成。大音希声，大象无形。"

③　蒲亨强. 中国音乐通论[M]. 南京：南京大学出版社，2005：244.

④　蒲亨强. 中国音乐通论[M]. 南京：南京大学出版社，2005：244.

⑤　[明]计成. 园冶图说[M]. 赵农，注释. 济南：山东画报出版社，2005：47.

a　　　　　　　　　b　　　　　　　　　c

图 3.1　东西方园林的"旋律"

　　概而较之,同西方音乐一样,在旋律上,西方园林具有恢宏的调性,强烈的对比度,慑人的感官冲击力,却短于表现幽深的冥思和玄妙的诗意。图 3.1 的另外两幅图为笔者摄于伦敦市南郊的丘园(Kew Garden),虽然同在一园之中,我们却仍然可以明显地感受到截然不同的旋律。不错,其实图 3.1b 是丘园中的日本庭院(Japanese Gateway),据载是日本枯山水的拷贝,该园虽然占地面积不足 300 平方米,庭院平坦,高低起伏无悬殊,亦无水无山,仅由若干尊大小不一的石块"为山",大片灰色细卵石铺地"为水",再加上些许草木、建筑所构成,却能够"山""水""桥""木""宅"应有尽有,幽深冥远之境,鲜有园及。再观其石之营构,往往以二、三或五为一组叠垒,石组以苔镶边,时时顿挫,处处抑扬,使高低起伏之感处处于心,处于园中莫不有山峦叠嶂、群峰耸立之势,寂静中自有旋律摄人心魄,浑然忘我,正是"画石则大小垒叠,山则络脉分支……一顿一挫,一转一折,而方圆挨角之势,纵横离合之法,尽得之矣"①。而砂石之为水,恰恰是利用了其细小的特点,在相对巨大石块的对比下,加上雨水溅落池中般的同心波纹,将水的性格堪堪表现,是谓"不拘于水非真水,却胜似真水"。看着是白砂、绿苔、褐石,但三者均非纯色,从此物的色系深浅变化中可找到与彼物的交相调谐之处。而砂石的细小与主石的粗犷、植物的"软"与石的"硬"、卧石与立石的不同形态等,又往往于对比中显其呼应。

　　而图 3.1c,则是原汁原味的"皇后园(Queen's Garden)",保持了欧洲传统的设计,我们从中可以轻易地品味到整洁、秩序、爱(园林正中的天使雕像)与富有等品格,它们组成了园林与主人的相应的主旋律——贵族气质。正如欧洲的古典音乐一样,"皇后园"始终将"荣耀"与"正直"作为其根本的动机和乐思,在恢弘与规律性的律动下,形成了一组具有强烈对比和惊人的视觉感官冲击的园林旋律。出于这个原因,我们可以轻易看到园中的无数明显的转折:直挺的园道和建

---

　　①　傅抱石.中国绘画理论[M].南京:江苏教育出版社,2005:211.全句出自[清]方薰的《山静居画论》。

筑、精心修剪的草木与规则的水池,都是构成这些转折的原因。在此园中,不需要过多的猜想和考虑,只需要跟随它们,你看到的就是它们所想要展示的。动机和乐思都是一种牵引的力,带领你触摸这份富含典雅、尊贵与荣耀的旋律。从意大利风格主义的别墅园林,到法国举世闻名的古典主义特色的皇家园林,无不以戏剧性空间的等级组织和视错觉景观的创造见长,园林的动机如其乐章,"崇高"与"恢宏"、"智慧"与"精湛"、"典雅"与"高贵"都是其乐于展现的主旋律。而东方园林艺术的重点却似于音乐的自然流动性,取其清雅为动机要素,虽然表现力度不及前者,但其宁静迩远的气质,曲折回环的主题构成,给人以余音绕梁的迤逦和反复咀嚼思绪的空间。且看同为泉水,埃斯特别墅(Villa d'Este)的猛兽石雕喷泉(如图3.2a),如同贝多芬《英雄》给出的动机"命运敲门"(于是"泉"成了统领整个园林的主旋律,埃斯特别墅也由此得来了"百泉宫"的美名);而沧浪亭(图3.2b)前有意回环的一池碧水,却如同中国民乐中所给出的那耐人寻味的引子,曲媚而悬旋,游于万端。于是当我们再次听到徐仪的新笛、云罗、蝶式筝三重奏作品《虚谷》时,恍恍然置身其中,不觉好似已历览幽园数亩,悠游其间,浑然忘返。

a   b

图 3.2　园林泉水的旋律

3.1.2　次序与距离——关于节奏

如果说在园林艺术的旋律背后纠结了一些思想意识的元素,那么节奏则是关系到园林对于风景的修整和排布问题。众所周知,乐曲中将长短音按照一定的秩序排列起来,形成了一定的律动感,这种具有自身特色的律动就叫节奏。霍华德·戈道尔(Howard Goodall,英国著名作曲家)认为,这种音乐性的律动存在于任何地方,并且与人们的生命息息相关,甚至会唤起我们的某些重要的记忆:如走路的步点、说话的方式,以及胎儿时在子宫内听到的心跳等;而史蒂夫(Steve Mithen)也在书中论述非洲黑猩猩的音乐行为时写到关于"Panthoot"①产生的情况和原因,有力地论证了节奏因为在次序上和距离上的原因而普遍存在。既然如此,那么在园林艺术中,节奏的存在就更是一种极其普遍的现象了。

事实上,在园林艺术中,人们确实常有体会到强烈节奏感的游览体验。那么,它们到底来自于哪里?造成这种节奏感的原因又是什么呢?分析中西方的音乐记载和排布方式将为我们提供一把新钥匙。

这里仍旧以大家熟悉的瞻园中的"岁寒亭"为例,只是这一次,我们不再局限在植物栽种上,而环顾一下它的四周的布局(图 3.3):"岁寒亭"建于瞻园内的小山丘之上,流水环绕而从两侧流过,汇于亭正面所朝向的小湖,于是全园景色被联结成了连绵不绝、无尽游动的环路。也许你无法指出节奏确切的情况,却明明白白地知道它就发生在眼前。是的,正如音符间的休止与长短所创造出一定秩序的节奏一样,园林中的房廊、花草、树石等配件也是通过彼此距离来塑造园林的节奏的。而这瞻园的岁寒亭左右,则正是以一种模糊不明的距离感,创造出了具有东方特色的园林节奏。

图 3.3 瞻园的"环路"

这些园林要素之间频繁变化的大小尺度、高矮尺度、距离尺度以及色彩等一系列尺幅内容的排布,共同启发了观者对于节奏的认知。因为音乐节奏产生的根本原因,就是音符与音符之间的距离(空间感)的排布变化,换而言之,空间变化就是节奏感产生的诱因。所以,这些园林要素的任何一种看似微小的布局变化,都有可能导致园林中某一区域的节奏变动。而不同的节奏性设计,也正是导致中西方园林景观艺术审美差异的原因之一。正如计成在《园冶图说·立基篇》中提到的:"房廊蜿蜒,楼阁崔巍,动江流天地外之情,合山色有无中之句……高阜可培,低方宜挖。"②这种高者愈高、低者愈低的音乐特性,与行云流水般的节奏

① Mithen, Steven. 2005: The Singing Neanderthals: The Origins of Music, Language, Mind and Body[M]. London: Weidenfeld & Nicolson: 114.

② [明]计成. 园冶图说[M]. 赵农,注释. 济南:山东画报出版社,2005:60.

性构成了具有强烈中国本土化特色的园林内涵。所以在园林建设方面,常有丘上筑亭,洼处盈水——借以形成强烈的视觉跳跃,但是却在绵延的云墙、迤逦的廊路、葱郁的植被和透漏的假山的过渡下,显得相得益彰、毫不突兀,水到渠成地进行着开端—发展—高潮—结果。其例比比皆是,不胜枚举。如图3.4a,上图摄于杭州西泠印社,下图摄于苏州虎丘,两者都秉承上述节奏原则,而西泠印社以园路为过渡,虎丘以廊墙为过渡,皆既合于中国古代音乐所秉承的"灵动委婉",又达到了高低错落、井然有致的视觉效果。

相比之下,西方园林中音乐节奏的体现会更加明显,或者说,更加乐于表现节奏强烈的顿挫,而音乐中广泛使用的休止音,在园林艺术中也有极为明显的体现。图3.4b是位于意大利托斯卡纳地区的冈伯拉伊阿(Gamberaia1)别墅,我们可以明显地被它整齐划一的半球状植被修剪、规则方整的水池、直线型的园路、挺直简明的建筑,以及各式建筑配件所共同体现的节奏性所感染。它们相互之间保持着一定的独立性,彼此对照却互不相连,以至于我们可以清晰地分辨出块与块、区与区的位置及其关系。所有构成边界的点、线、面,甚至每一个视觉上的吞吐,都节奏清晰而有力,仿佛钢琴上敲出的每一个音节,我们都可以直指其所现。

图 3.4 园林的"节奏"

正是如此,通过阅读西方古典音乐的书籍就会发现一些启示——造成这种迥然不同的园林节奏的原因,或许与中西方不同的音乐记录模式有关。此处以中国古代流传最广的七弦弹拨乐器——古琴的谱法和西方的五线谱为例,加以说明。

古琴,作为历史最为悠久的乐器种类,受到了中国古代知识分子阶层的广泛喜爱,同时也位于古代文人"琴""棋""书""画"的四艺之首,而在园林的亭房之中演奏古琴也都是古代庭院生活中喜闻乐见的事。在记录方式上,古琴谱与西方谱式有一个结构上的重要不同:五线谱将注意力集中在清楚地反映音符的节奏、音高、音调甚至短暂停顿分割(如精确休止符的使用)等演奏要素上,是以完全复制、再现演奏曲目为目的的谱法,这就是为什么拿到一本乐谱,只要具备必要的演奏技艺,便可以再现该曲目的原因。而自唐代以来,古琴曲谱的记录方法历来使用"减字谱"为基本谱法,这种曲谱通过文字的形式,仅仅记载演奏法和音高,而没有节奏、音名、音程的记录(如图 3.5 为《平沙落雁》的古琴减字谱)。也就是说,和五线谱(图 3.6)相比,减字谱并没有反映乐曲的所有细节信息,因而古琴的曲谱阅读者也就没能得到完全再现乐曲的所有必要条件;但是同时却得到了对音程、节奏方面更大的自由度,在领会了全曲的大意和主旋律之后,获得了一定的乐曲创作自由,因而可以在演奏过程中体现更多演奏者自身对乐曲的理解和自由发挥。结果,这一特性准确无误地反映在了中西方园林景观艺术的节奏风格差异之中。与拷贝和再现为目的的西方曲谱一样,这些固定的景物尺度、园路间距、量化的花草修剪曲度、按距成行的林木,统统记载在设计图纸之中,所有的节奏律动清晰可见,使模仿和再现同样的欧洲花园成为可能。相反,倘若想照样模仿完全相同的东方园林,复杂模糊的园林节奏和难以确定的尺度距离,则使之难上加难。但是,与减字谱的记录和演奏有异曲同工之妙,倘若了解了园林的涵义和主旋律,糅合创作者的思路创作出具有相似口味的园林,倒是反而比照样复制容易得多了。

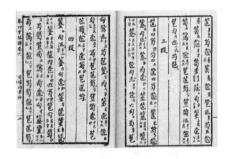

图 3.5　《平沙落雁》减字谱

图 3.6　五线谱(单簧管合奏部分)

　　由于这个原因,笔者有时也不禁生出疑问:在东方的园林艺术和音乐之中,园林设计师和作曲家们究竟是不够重视节奏的作用而没有刻意强调呢,还是有意忽略这种对于节奏的记录,而故意追求一种似有似无、晦暗不明的节奏放任状态呢?

3.1.3　强弱与转折——关于节拍

　　这里还要着重提一下中国园林的节拍。在任何一组节奏中,如果缺乏有规律的强弱,那么在表现上则永远无法臻至应有的艺术效果,音乐如是,园林艺术皆如是。正因为节拍的不可替代性,所以中西方音乐节拍的差异性,是中西方园林景观艺术美学差异的又一成因。

传统的中国园林布局中,我们常常发现,关键的位置总是通过亭、台、楼、榭,甚至假山、奇石予以压阵。我们仍然以瞻园为例,从平面图(图 3.7a)中我们可以清晰地看到,园中所有关键的位置(红色部分)都将亭、台、山石作为中心以保持某种平衡。风水堪舆学中,称之为"穴眼"或"气眼",如果仅仅"见山是山"般地描述,就会沦为一种表象的特征概括而已。倘若我们借用一下中国当时的传统音乐节拍系统,这种现象的解读和描述就变为可能,而"为什么出现"的答案也就愈加清晰起来。

在中国音乐"全盘西化"以前,"板眼体系"(也叫"拍位体系")自宋以来,都是我国音乐的重要内容,"板眼"一词也正是因此而得名。在这个体系中,"板代表强拍,眼代表弱拍"[①],而"板位的确定,在曲唱'节奏'中有其定则……最重要的一条……一、曲中韵处,必为板位"[②],然后经过"以板分步"(这里的"步"特指的是字),直至发展到句型与句型之间的分隔转换。也就是说,在我国传统音乐词曲之中,句与句的转折,常以"板"(即重拍)分隔。关于上面提到的园林艺术"为什么"的答案渐渐无所遁形,我们或可大胆地做一推测,中国园林艺术中常见的"压穴"现象,是不是和长久以来音乐板眼体系的艺术熏陶有关呢?

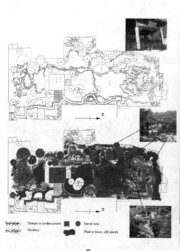

a　　　　　　　　　　　　　　　　　b

图 3.7　东方园林艺术的"节拍"(见文后彩图)

---

① 洛秦. 音乐的构成[M].桂林:广西师范大学出版社,2005:101.
② 洛地. 词乐曲唱[M].北京:人民音乐出版社,1995:74-75.

图3.7b是图3.7a图中中间照片的细节,同样摄于南京瞻园,其中,笔者用红色轮廓线勾出的部分代表"板",绿色轮廓线勾出的部分代表"眼"。我们可以清楚地发现,它严格地遵循着"一板两眼"或"一板一眼"的乐理构成,重拍到重拍的位置别具匠心,每每以弱拍联结,进而形成了特色的中国园林的营构韵律:虽然重视强弱节拍的搭配,但是这种节拍不是以数量的单纯叠加而体现的,恰恰相反,它是以弱化重复与数量感,重视线条流淌与不确定感的非理性主义节奏特色,来完成对节拍的塑造,从而达到一种"简淡旨丰"的灵逸状态。存在的景观多用以点缀和引导,注重游园时观者的心境与玄思,体悟园林景致的弦外之音。正如人们所感受到的"东方人的速度审美感很有意思……这种速度审美感属于东方音乐,一张一弛,韵律无穷"①,恰和西方景观园林艺术中重视数量叠加、感官效果的迷狂,形成鲜明的对比。

西方传统园林则是通过数与数的合成与叠加,通过"反复"与"联合"来施加强调,并不断地进行视觉击打,从而形成强烈的视觉节拍。图3.8a是意大利卢卡市的卡尔左尼(Garzoni)景观园林。它的节拍阐述,体现了欧洲经典几何式园林的表现方式:植物,以中轴线对称,从中心向外数,第二棵植物高度约为第一棵的三分之二,通过数量的重复,导引视觉兴奋,聚焦于正中;建筑配件(如阶梯栏杆),以30°左右的锐角反复上升,达至顶端,并随着中心越来越小的雕塑,作逐层略短的渐变;花坪,通过块面的重复,形成一定的节拍,配合前方的水池和后方的壁垒。概览之,整座园林,就是数字构成的两部曲式乐章。

a
b

图3.8　西方园林艺术的"节拍"(见文后彩图)

① 李西安,谭盾,瞿小松,等.现代音乐思潮对话录[J].人民音乐,1986,225(6):12-18.

就全园整体来看,有相似的节拍规则:如图 3.8b 是德国汉诺威的海伦豪斯花园(Herrenhause Garden)的鸟瞰平面图。从图中可以看到,花园的主体是通过相似的部分不断重复和叠加而成——8 个三角形(蓝色边框表示)构成了一个矩形(蓝色色块表示),而构成的矩形又 4 个为一组构成了一个更大的矩形(红色边框表示)。与卡尔左尼景观园林一样,由于一系列相似的节拍形成了集团,在反复捶打视神经之后,这些节拍具备了西方古典音乐中排山倒海般的气势,从而形成了此起彼伏、前赴后继似的惊人的艺术效果。那么我们就有了这样的疑问:园林与音乐在节拍上的惊人一致,究竟从何而来? 或者权且做一个大胆的猜想:是不是这种彼此呼应的关系,早已在生活中深深地烙印在西方人的血液中,在他们创造自己的音乐和园林的同时,就已经不知不觉地倾注进去? 在园林中演奏音乐,因而音乐受到园林的影响,在音乐中又欣赏园林,进而修改园林,于是一板一眼的演进也好,数的集团化叠加也罢,园林与音乐都你中有我、我中有你,潜移默化地,再也无法分开……于是我们循着音乐的"路",却找到了园林所暗含的"径"。

3.1.4 机制与构成——关于曲式

音乐的曲式(Music Form)就是在时间上的结构,换句话说,也就是"音乐进行过程中的段落设计"[1]。也许有人反驳:园林艺术是名副其实的空间艺术,怎么会有时间上的结构呢? 诚然,园林的确是一门空间艺术,但是并不妨碍自身的时间结构——那来源于人的因素。在游赏、观览过程中,无论是视点的游移还是巡行路程的安排,无不与时间有着密切的联系(早在 1807 年由 P. G. Gonzague 撰写的《眼睛的音乐(La MusiQue des Yeux)》就曾揭示过相关的原理)。而园林建造者对其各相关构成因素的安排和建架,正是整个园林艺术中的时间结构,亦即园林的"曲式"。

西方古典音乐中,使用最为广泛的两部曲式、三部曲式以及 18、19 世纪广受作曲家、音乐家欢迎的奏鸣曲式(事实上,就是复杂的三段曲式),最明显的机制特征就是段落的重复:两部曲式是 A 部与 B 部的组合(A 部+B 部),三段式则是"A 部+B 部+A 部",奏鸣曲式则是"A 部+B 部+A'部"。其中,A 部为呈示部(Exposition),B 部为发展部(Development)而 A'部与 A 部的区别大多仅在于调性变化,所以 A'部是 A 部的再现部(Recapitulation)。坐落于"音乐之都"奥地利首都维也纳的申布伦宫花园(Schonbrunn Palace,也译作"美泉宫"),虽然是基于修道院的原址改造而来,但 18 世纪以来作为女皇城堡后,在当地艺术背景的

---

① 沈致隆,齐东海. 音乐文化与音乐人生[M]. 北京:北京大学出版社,2007:192.

持续感染下不断改造和修整，越来越显示出与当时音乐曲式的通同性。图 3.9a 纵向两图分别是申布伦宫花园的鸟瞰图和水景图，鸟瞰图完整地体现了申布伦宫花园的奏鸣曲式排布特性，即 A 部＋B 部＋A′部，这里的 A 部是前部的草坪，B 部是中间的宫殿建筑，A′部，即是建筑后面代替了草坪出场的泉池。我们从法国勒沃宫结构图中(Le Vau's Smaller Structure)，也能看到与其相似的布局(图 3.9c)：倘若我们把有较细红色轮廓的区域作为 A 部，那么很容易找到与之相似的 A′部(细红色轮廓线区域)，而黄色轮廓线区域则作为了两部之间的过渡区域 B 部——发展部。毫无疑问，"这种展示方式和再现方式正与音乐或诗歌段落中的重复和反复相当的类似(... appears and reappears like the repetition of a phrase in music or in poetry)"①。这种音乐的曲式与园林艺术表现出的惊人的吻合也体现在各个园林之中。正如我们所知道的，申布伦宫花园是欧洲典型巴洛克园林建筑的杰出代表，它的构成模式具有一定的普遍性；此外比如法国孚·勒·维贡府邸、凡尔赛庭园等花园景观也都是奏鸣曲式园林；而意大利的如朗特别墅、冈波拉伊阿别墅又稍有不同，可称之为复三部曲式；甚至现代西方建筑学、城市学中不断衍生出来的所谓耗散结构、神经元网络等空间理论，也或多或少暗含着与上述西方曲式的联系。事实上，许多园林设计师或者参与到设计中的人员，也在有意识地运用园林艺术与音乐曲式的通同性，有意地模仿并从中吸取灵感：

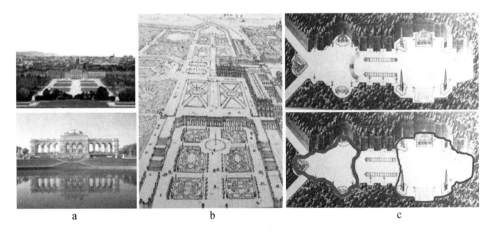

    a   b   c

图 3.9　西方园林与音乐的曲式(见文后彩图)

在白杨岛上，卢梭从 1778 年起静静地埋葬在那里。虽然那时卢梭是以财政

---

① Georges Lévêque, Marie-Françoise Valéry. French Garden Style[M]. Frances lincoln ltd, 1995：8.

家为身份,却在 18 世纪 50 年代设计了这些园林……以及在自己晚年的时候对音乐的拷贝。之后的几年中对最大的花园进行的工程,作为新的技术应用到现实的河流、山的造型、桥和废墟,当时最为伟大的建筑都深深地卷入到了园林的设计之中。①

　　不但西方世界如此,中国传统园林营构时亦如是,只是由于大有不同的曲式根源而清晰地显示出了营园中的异化:苏州残粒园小景(图 3.10)修建于苏州驾桥巷 34 号的"残粒园",宅园面积仅 5.02 亩,而花园则仅占 0.21 亩,虽然小如残粒,但花园中"起—承—转—合"的逻辑顺序依然明晰可见,从音乐曲式中,我们也可以找到相似的根源,那就是汉代"相和歌"中所载的曲式模式:"艳—趋—乱—(解)",以及唐代《碧鸡漫志》和《霓裳羽衣舞》记载的:"散序—中序—破—入破—煞滚"曲式模式。从中不难发现,中国传统的"板式+变速结构(散—慢—中—快—散)"的乐曲结构与我国传统行文结构("起—承—转—合")有着极强的相似性。无论是文章还是乐曲,叙事性通常都是其重要特性之一。所谓"文似看山不喜平",在这一点上,我国的音乐词曲几乎完全秉承了该模式的特色属性,同时,也把它带到了园林艺术之中。且看从入园的照壁,到隔景、点景、屏景、障景……无不遵循此道,一步一步在发展中把园林的境界推向高潮。大多数都是单线发展,少见西方古典曲式中的并行结构。苏州残粒园虽小,"散序—中序—破—入破—煞滚"仍可称一应俱全,更不消说其他园林了。

图 3.10　东方园林艺术与音乐曲式

---

　　① 笔者译,原文为:"On the Island of Poplars there Rousseau himself was buried in a classical sar-cophagus in 1778. Though it was mainly financiers who planned these informal gardens in the 1750s. . . copying music in the years before his death. In the great parks of these later years engineering and archaeology played an increasingly large part, as new techniques were applied to the diversion of real rivers, the shaping of moubtains of rock, the building of bridges and the imitation of ruins, and some of the greatest architects of the time became deeply involved in the designing of gardens. "Allan Braham. The architecture of the French Enlightenment[M]. University of California Press, 1980: 72.

我们通过分析不难发现,中西方音乐的曲式结构,竟然跟园林艺术的构建出奇的吻合,以至于我们在中西方的园林中巡游,如同在两个音乐系统中徜徉,灵魂上,与它们更亲近了,越发理解了中西方园林系统产生的自发性差异……

3.2 歌曲与园林艺术的关系

歌曲,作为声乐与诗歌结合体的音乐特例,还需要进行一些补充性的论述。通常而言,音乐分为器乐与声乐两个部类。如果说音乐中的器乐是演奏的艺术,声乐是人体发声器官的发音艺术,诗歌是吟咏的艺术,那么歌曲便是前两者在人体声部器官形式上的结合,又与后者进行了内容上的结合。本质来说,可以称其为"关于吟唱的艺术"。声乐作为音乐的两大部类之一,除了锻造美丽的人声音色之外,不可避免地出现关于歌咏内容的要求,诗歌自然而然成为其首选。通过诗文与音乐的匹配,歌曲就形成了。也就是说,歌曲,是音乐中与诗歌结合的特例,除了具备前面论证说明的纯音乐的要素之外,还具备诗歌的某些特性。因此,这就要求本章在集中讨论了音乐与园林艺术的关系之后,还要对歌曲中所表现出的部分诗歌特性加以研究,作为对前面章节的补充,进一步完善展示音乐与园林艺术的关系论。本节也就主要将歌曲中所涉及最为广泛的诗歌声韵补充进来,加以论证歌曲与园林艺术的关系。

3.2.1 中西方诗歌的声韵与园林艺术的布局关系

西方诗歌与以中国为代表的东方诗歌,在声韵方面最根本的区别在于:其句末字母的发音,也就是以句末的单词发音为判断韵脚的关键。具体来说(如图3.11),早从荷马诗开始,这种以句末单词发音来决定声韵关系的模式就已经奠定了。荷马(Homer)常常将诗的韵律安排为"UUI—UUI—UUI—UUI—UUI—UUI—U",而在欧洲广为流传的十四行诗——无论是13世纪的彼得拉克文体(Petrarchan),还是16世纪后来居上的莎士比亚体(Shakespearean),都是以关注末尾"单词的音是什么"为判断韵脚的标准。如图3.11右边是莎士比亚第66首14行诗(Sonnet 66),如果把"y"的结尾看作"a","n"的结尾看作"b","'d"结尾看作"c","ed"结尾看作"d","ty"结尾看作"e","l"结尾看作"f","e"结尾看作"g",那么我们可以清晰地发现:其全诗根据发音严格遵循着"a—b—a—b,c—d—c—d,e—f—e—f,g—g"的韵律模式。这种关注发音"是什么"的诗词声韵模式,与我国诗歌以"平仄"(即"单词发什么调")为韵脚规则的声韵模式迥然有别,表现在园林中,尤其是在营园布局过程,也有极为相似的证据。

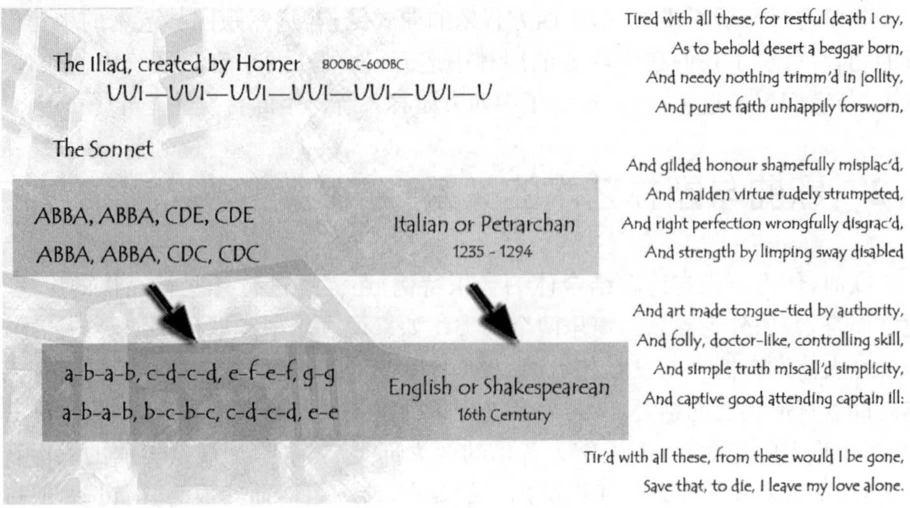

The Iliad, created by Homer 800BC-600BC
∪∪∣—∪∪∣—∪∪∣—∪∪∣—∪∪∣—∪∪∣—∪

The Sonnet

ABBA, ABBA, CDE, CDE
ABBA, ABBA, CDC, CDC

Italian or Petrarchan
1235 - 1294

a-b-a-b, c-d-c-d, e-f-e-f, g-g
a-b-a-b, b-c-b-c, c-d-c-d, e-e

English or Shakespearean
16th Cerntury

Tired with all these, for restful death I cry,
As to behold desert a beggar born,
And needy nothing trimm'd in jollity,
And purest faith unhappily forsworn,

And gilded honour shamefully misplac'd,
And maiden virtue rudely strumpeted,
And right perfection wrongfully disgrac'd,
And strength by limping sway disabled

And art made tongue-tied by authority,
And folly, doctor-like, controlling skill,
And simple truth miscall'd simplicity,
And captive good attending captain ill:

Tir'd with all these, from these would I be gone,
Save that, to die, I leave my love alone.

图 3.11　西方诗歌中的声韵

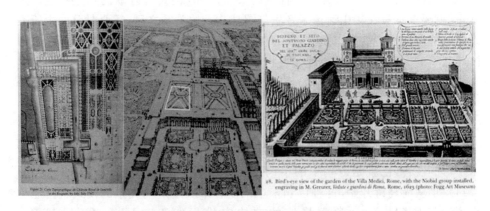

图 3.12　西方园林中的声韵(见文后彩图)

　　我们不妨回过头看看本书所举过的西方园林的例子,几乎在所有园林中都无一例外地可以找到与西方诗歌声韵结构相似的、视觉上的"a—b—a—b,c—d—c—d,e—f—e—f,g—g"模式(图 3.12,其中有色轮廓线为笔者添加,仅作为帮助对 abcd 等区块的识别):从法国吕内维尔皇宫(Château Royal de Lunéville)到意大利的梅第奇别墅(Villa Medici),再到前面提到的法国勒沃宫(Le Vau's),都能够轻易地找到那些"a—b—a—b"的花园与花园,"c—d—c—d"的建筑与建筑,"e—f—e—f"的水池与水池,就连园路与园路之间也不约而同地"g—g"地重复着……"单词发什么音"似乎也同样作为西方园林的韵脚,完成着园林艺术的歌曲。

3.2.2　东方诗歌的声韵与园林艺术的布局关系

正如前面提到的,西方诗歌关注的是"单词发什么音",而东方诗歌的声韵则关注"单词的调性怎样"。因为每个音一般都有四种声调,以"fa"为例,虽然是同样的音,但却有"发、罚、法、发"(如图 3.13a),而一声调和二声调为"平",三声调和四声调为"仄",所以在东方声韵模式中,无论是"平平仄仄",还是"仄平仄平",毫无疑问,关注点都是"单词发什么调",在这个时候,诗歌的声韵与发什么音变成了次级关系。比如图 3.13a 第一首李白的《将进酒》,其中"来(lai)""回(hui)""发(fa)""雪(xue)"虽然发音毫无相同之处,但是调性却严格遵循"平平仄仄",读起来仍然朗朗上口;再如第二首杜甫的《江南春逢李龟年》,符合"仄平仄平"的声韵习惯,虽然"见(jian)""闻(wen)""景(jing)""君(jun)"也是音音不似,却仍堪称佳句……这种不关心"是什么",只在意"调性如何"的声韵习惯同样毫不掩饰地反映在了园林之中。

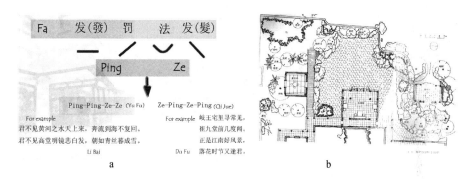

图 3.13　东方园林与诗歌中的声韵

图 3.13b 是苏州拙政园枇杷园的平面图[①],在这里我们似乎可以摸索到除了节拍的一板一眼之外的规律。自入园开始,院内的景物始终一板一眼地进行着,在视觉的冲击上,强弱相间、刚柔相济,每每硬物之间总会杂之以软——树立于石侧,水游于庭旁。但是,与诗韵相似,这种排布并不在于景物"是什么",而在于它的"调性"是柔还是刚。比如修竹虽为草木,却刚挺翠拔,于是置于花草之间,亦彰显轻重软硬之对比;石虽然应为死硬之物,但圆石温润,又可作为庭间过渡,甚至在修竹之间以做调节——此时修竹反成强板,而圆石则为弱眼。古人培园,无论花木草石,一概只论"调性",依据调性而设园,板眼两分。与西方园林相比,虽没有根据品类规划出轩轻立分的空间结构,却在视觉感受上并无不妥甚至更有其妙韵。

---

① 刘先觉,潘谷西.江南园林图录:庭院·景观建筑[M].南京:东南大学出版社,2007:6.

歌曲作为音乐的特例,牵扯到了诗歌的某些特性,通过对韵律特性的补充性研究,在一定程度上填补了前节在音乐节奏、节拍等方面的研究。而园林艺术与音乐之间的互动关系,不仅从来都没有停止过,也还将继续下去。对两者之间的互动研究,对认识自身的艺术特色也不无裨益,权且当作提供一种新的思路,希望在未来的园林发展之路上继续有所作用。

然,音乐仅仅作为构型要素与园林在形式上的结合也屡见不鲜,如图 3.14 便是坐落在意大利小城切维亚的一所现代景观园,其中明显地采用了五线谱及其音符作为构园要素——围栏的设计,并且在全园的路径与水体设计中回环灵动,充分体现出时尚音乐的律动感。全园的音乐特性一览无遗,可以称得上是音乐与园林形式上结合的佳例。

图 3.14　意大利切维亚城市景观园

当相比较音乐与诗歌,雕塑与景观艺术的关系是最直观,但也是最难理解的。因为在东西方园林景观中,雕塑不仅仅是装饰内容的考虑,更是艺术思想的淬炼与凝合。因此,我们理解与把握它们,除了由形式上比对之外,还要考察它们所想要展示的"场所精神"的核心。

3.3　中国雕塑与景观的"象"与"味"

在中国古典景观中,有许多具有特殊意义的雕塑形象与装饰形式,如婉转迂回的云墙、意蕴流转的漏窗、张牙舞爪的异兽水口、建筑顶面的睚眦等等,形式多样且具有丰富的造型形态。很多时候,我们只是带着审美的眼光来欣赏它们的装饰美,而往往会下意识地忽视这些雕塑内在的设计意义。当我们追随着西方人在他们的园林景观中津津乐道雕塑背后的希腊神话以及景观本身的内在联系时,却武断地忽略了我们自己的雕塑与装饰纹样背后的更为深沉的艺术内涵,竟使之在当代的景观设计中的应用变得越来越无所适从。

本节我们以龙生九子中在古代园林景观艺术广为应用的赑屃雕塑为例,做探讨景观艺术中的"形象"与"意味"的发现性尝试:通过参考龙生九子与景观艺术中的赑屃形态变迁认识找到"我是谁",引入古代皇家舞乐探讨"我在哪",最后归结于设计师对于传统雕塑在当代景观艺术中"到哪去"的思考。

3.3.1　我是谁? ——信仰的衍生:龙生九子与景观艺术中的赑屃形态变迁

赑屃雕塑作为中国园林景观的重要构件,主要出现在寺庙园林、皇家园林、宗祠和陵园等地。在研究赑屃形态在古典景观艺术中的设计内涵问题时,首先我们需要了解:什么是赑屃? 这就涉及龙生九子的民俗内容。虽然民间早有传说,但究竟有哪九子一直没有定论,真正排名先后的官方定案记载源于明朝弘历年间李东阳对孝宗皇帝的作答,概之以"龙生九子不成龙,各有所好"。九子之排名也基本有了官方正式的答案,除载于李东阳《怀麓棠集》外,明朝文人杨慎的《升庵集》、陆容的《菽园杂记》等都有记载。事实上,九子从诞生那一刻起就与古代园林景观(尤其是皇家园林)息息相关。他们与皇家园林有这样一段传说故事广为流传:

秦始皇统一六国后,下旨修建规模宏大的皇家园林,由于工程浩大而非人力所能及,于是作为天子的秦始皇向东海龙王敖广借用了他的九个儿子的神力:赑屃力大管驮石堆山,蒲牢好音督钟鼎铸造,椒图善守监场所安全,睚眦好高巡筑屋封顶……九位龙子各司其职,于是宫殿按期完工。始皇帝感其神迹,期望将其永留身边,于是在园林各处雕其形,刻其影,试图以此永固皇城。于是中国的园林景观中就留下了九子的线索。

当然口口相传的传说故事并不严谨,故事本身也有许多推敲不通的地方,而这些雕塑的形态也是经历了长时间的发展,很多在秦之前就屡有出现。但是从造神论角度来讲——无论是西方的希腊诸神还是东方的龙生九子,人们对神灵的制造,本就是一个渐进的过程,这些传说无非是借助特定的人和时间进行类的逻辑集合,将已形成的神灵系统化。所以虽然时间和事件有所偏差,但它们都或多或少地从一个侧面反映了神的生成缘由。时至今日,九子名列已经基本确定,中国联通曾以此排名为主题发行了一套电话卡(如图 3.15)。

图 3.15　中国联通"龙生九子"电话卡

在这个民俗传说中，赑屃以"力大"这一特点而存在，在明人记录的文献中称其为"好负重"："屃赑，其形似龟，性好负重，故用载石碑。"（明·陆容《菽园杂记》卷二）"赑屃，形似龟，好负重，今石碑下龟趺是也。"（明·杨慎《升庵全集》卷八十一）曾回答明孝宗的李东阳则认为它"好文"，所以往往驮碑："赑屃，平生好文，今碑两旁龙是其遗像。"（明·李东阳《怀麓堂集·记龙生九子》）毫无疑问，前者是以传说为基而论之，后者则以其常见的"负碑"形式为基而论之。就其形式而言，雕塑本身随岁月流转，有一个从"龟"到"龙子"的过程。总体而言，隋唐以前的赑屃往往偏于"龟"的形象，元代之后"龙气"越来越重，明代龙鳞、龙爪、龙髯已经很普遍，尤其到清中期以后甚至龙角也越来越多地出现在赑屃造型中。

唐代书法家颜真卿的私家园林里放置的赑屃仍然可以清楚地辨认出龟的形象（图3.16①）。唐人魏徵在《隋书·志第三·礼仪三》上记载："三品以上立碑，螭首龟趺。趺上高不得过九尺。七品以上立碣，高四尺。圭首方趺。"其中"螭首龟趺"就是说螭龙的头和龟的背壳。但是螭本身就是古代传说中一种没有角的龙，所以这时候的龙的形象尚不明显。而园林中作为龙子之一的赑屃之所以此前与龟相近，是有缘由的。

图3.16 颜真卿私家园林中的驼碑赑屃

首先，鳌足曾为四极。《列子·汤问第五》中也有"物有不足，故昔者女娲氏炼五色石以补其阙，断鳌之足以立四极"，时至后来"共工氏与颛顼争为帝，怒而触不周之山，折天柱，绝地维；故天倾西北，日月辰星就焉；地不满东南，故百川水潦归焉"。于是，由于鳌足折，天地失衡，四处水患横行。可见鳌之足何其重要！

其二，在后世的治水中鳌龟再次登上舞台。据《山海经》中载："洪水滔天，鲧窃帝之息壤以堙洪水，不待帝命。帝令祝融杀鲧于羽郊。鲧复生禹。"②这一段与司马迁《史记》中所载相似，但史记注解中提道："鲧之羽山，化为黄熊，入于羽渊。熊，音乃来反，下三点为三足也。束皙发蒙记云'鳌三足曰熊'。"这里揭示出原来黄熊乃是三只脚的黄鳌，可见，鲧化身帮助治水者的黄熊与支撑天地的鳌足又相互证明。之后在东晋王嘉《拾遗记卷二》中又提道"禹尽力沟洫，导川夷岳，黄龙曳尾于前，玄龟负青泥于后"。这时，受玄武（龟蛇合体）的思想影响，"黄熊"化身

---

① 赑屃驮《颜家家训》，摄于西安文庙碑林博物馆。
② 《山海经·第十八海内经》。

为二物,更加清晰地指为"黄龙""玄龟",整个逻辑脉络变得逐渐明朗:原来鲧死后化为黄鳖("黄龙"与"玄龟"),并"负青泥"于后。所以洪水为祸人首患的时代,鳌龟再次以英雄的姿态出现了,成为人们心中的神。也有传说提到作为功绩的表彰,大禹碑负之。

其三,随着历史长河的淘洗,许多新的龟属性被发掘出来融入当时的民俗观念中。如"龟"与"贵"的谐音相合,表达一种上层阶级富贵、高贵的象征理念,再如龟的寿长,《新唐书卷二百一十二·列传第一百二十四》中记载"以龟千年五聚,问无不知也",故又往往有恒久、昌隆之意。园林景观中的赑屃也往往作为稳定一方土地的地神。

所以赑屃的龟形象是有极深的历史渊源的,随着龙生九子的理论逐渐丰满,"龙子"形象逐渐崭露头角,元代的赑屃龙性已经比较明显(如图3.17元代赑屃)。直至明孝宗皇帝闻之而发问,于是"龙子"形象渐渐成为主流,于是龙的特点在赑屃的雕塑过程中一再强化(如图3.18明十三陵赑屃)。

图3.17　元代赑屃　　　　　　　　　图3.18　明十三陵赑屃

3.3.2　我在哪?——神奇的巧合:皇家舞乐与景观艺术中的赑屃位置

形象与位置是雕塑在景观设计中的两大重要组成,赑屃的雕塑形象在观念融合过程中不断丰富,与之相对,赑屃所在的位置变化却远没有那么活跃,好似队列的排头兵紧紧地压着阵眼,往往相对稳定地守卫着固有的位置,这些位置在设计构图中具有平衡心理感知的作用。而景观中赑屃雕塑的位置与皇家歌舞之间也存在一些巧合,我们或许可以借助这些神奇的巧合,引入新颖的视角——古代音乐,来打破以往对于园林雕塑"就形式论形式"的研究僵局。

由于赑屃雕塑本身含有庄重凝肃的意味,使它更多地与皇家墓园、寺庙园林等关系较为密切,它的安置与宫廷乐舞(尤其是祭祀乐舞)的排布有一些神奇的巧合。首先我们看一看宫廷乐舞的规格:"天子的乐队规模以东南西北四个方位排列乐器(宫悬)。"①图 3.19 中红色代表舞者,"舞者以八人组成一行,八行六十四人"②,黄色代表乐者与舞者穿插站立,我们假定舞者与乐者之间的距离是等价的,那么就得到了图中的排列(为了便于图示说明,舞者仅画出两行两列,乐者画

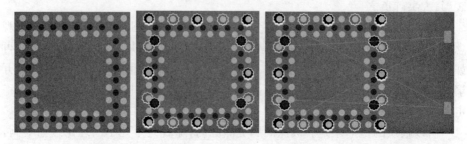

图 3.19　宫廷乐舞排列位置分析示意图(见文后彩图)

出了四行八列)。在古代乐舞的舞者中,往往行与列的第二位是作为"覆舞"而存在的,他们与乐手行列的一三五七九两两相连得到一系列交错曲线。这些曲线的焦点往往与赑屃的位置相对应(图 3.20)。而在文献中,无论是位于南京紫金山中明孝陵的赑屃排列还是 1721 年修建的明大报恩寺中的赑屃,往往都有相类似的表现。有些园林中(如文庙,寺院等)赑屃的数量虽然并没有严格地按照八组排列,但是位置往往多有近似。那么,舞乐与园林中的赑屃陈列之间的这种默契究竟来自于哪里?

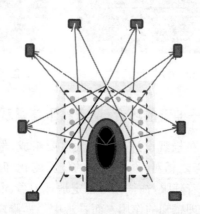

图 3.20　覆舞乐手行列位置连线焦点与赑屃

当然,仅有这些并不能说明什么,那么,舞乐与赑屃位置的匹配彼此呼应,究竟是它们都遵循某种潜在的规律,因而它们看起来产生了一定的连续性,抑或仅

①　谢建平. 乐舞语话[M]. 南京:南京大学出版社,2009:158.

②　谢建平. 乐舞语话[M]. 南京:南京大学出版社,2009:158.

仅只是一种神奇的巧合？曾有学者把建筑和风水中的"穴眼"联系起来，那么颙厕的安放与舞乐之间的暗合，是否也与古代某种信仰或者祭天的礼仪有关呢？颙厕作为景观雕塑构件安放在园林中所显示的"意味"究竟是什么？由于皇家舞乐留存下来的文献较少，研究资料搜集工作也显得较为困难，该部分的论据尚不完美。此处且容笔者暂时搁笔，将本节权且作为初探的问题的研究假说提出，希望能一新耳目，在与现实中的磨合和不成熟的探索中寻找艺术研究的新路，有待在日后的材料文献丰富中，进行更深入地研究和完善，为艺术学的打通研究注入新鲜血液。

3.3.3　到哪去？——设计师的思考：具有传承性的景观艺术与颙厕形象

颙厕雕塑，这种经过千年沉淀的文化载体，从信仰表现意味到景观中的陈列，都是中华民族的艺术创作思想的精彩呈现。除了历史锤炼与民俗思想打磨之后那极强的视觉吸引力，还蕴含着丰富的感染力。现如今，颙厕雕塑已经越来越失去了其应有的地位。当我们在景观设计过程中，匆忙地追逐西方引领的现代主义、后现代主义思潮的影响，去模仿波丘尼，模仿亨利·摩尔，模仿卡尔德的时候，已经不自觉地抛弃了这种经历了千百年锤炼的有意味的形式。而颙厕却只是这类雕塑的一个代表，还有许许多多像颙厕一样的景观雕塑，被人们淡忘。它们该被抛弃吗？还是作为装饰符号，成为类似波普艺术中千万拼贴的一角，仅仅当成具有中国传统文化价值的艺术遗产，增加作品的历史感、厚重感？让我们仔细审视一下造成传统雕塑在景观艺术中趋于消亡的两个重要原因。

一方面，作为装饰的拿来主义。这种情况大多源于对雕塑形象认识的肤浅，也就是"形象"与"意味"之间联系的失落。这时的雕塑内容仅仅沦落成外在的具有装饰意义的纹样。设计师只会在修饰设计的过程中，通过拷贝拿来进行简单复制。形象内容千篇一律，为了达成装饰目的，如"中国风""凝重感""皇家气质"等，而使用"死的"外在形式。它直接导致了景观内容审美的廉价与浅薄。

另一方面，作为遗产的盲目保护。这种情况是因为缺乏以动态的眼光来审视中国景观雕塑，对于形象的发展在"祖制不可违"的思想下过分保护，纠结于"不敢动"与"不能动"的束缚，殊不知这些雕塑形象在哪朝哪代不是在发展变更的呢？表面上看，是在保护传统，遵循历史的真迹。而从长远的角度来讲，最终只导致一种结果：单纯的保护导致最后的落伍，直至完全地抛弃。

这两方面都会导致中国传统雕塑形式在当代景观设计中的断层。在世界文化遗产风潮横行的现状下，这种情况存在于当今许多领域。诸如昆曲、风水学、武术……都曾经走入这两面的死胡同，刚刚走过的弯路一次又一次地告诉我们，单纯的保护无疑是另一种形式的自毁长城。民俗学是一个完全基于传统实证的理论学科,却明确地提出了发展论的观念。正是因为如此,只有把艺术设计的内容作为一种时代的产物,运用马克思唯物论中动态发展的眼光来看待,它才能具有文化的沿袭性与传承性。所以昆曲以《新版牡丹亭》为代表而重新风靡校园,风水学加入了现代的科学技术与理论手段在西方再度受到强烈追捧,武术在结合了体操、现代舞蹈等肢体动作改编下重新以力与美的形式走向世界……

诚如是,目前我国对于中国传统园林雕塑在园林中脉络的研究尚不完备,更无从谈起其在当代景观设计中的应用了。"充分认识体会,学会沿革发展"的过程中,不断与时代磨合去粗取精,将"象"与"味"结合起来——这是本书此节着重繁述的目的所在,这也是为我国的景观建设创新铺路,是高质量提升人居环境美化,从而形成新异的、发展的中国特色景观之根本。"绝不把'苏州园林'当成东方景观艺术的最高成就和终极目标"——应当也只有这样,才能重塑东方景观设计在世界景观体系中的辉煌。与此相对应,西方景观(尤其是欧洲地区)许多新景观则由于很好地匹配了雕塑的"形"与"意"中的脉络,在当代景观中既得到了肯定与印证,也能够得以在现代社会长足地茁壮发展。

小结

概而言之,作为艺术观念与园林艺术关系论之后,关于园林艺术与其他门类艺术融通的章节,本来有许多可以拣选的方面,为何单单选择音乐与园林艺术、雕塑与园林艺术的融通作为本章主题,有如下几个原因:

① 本书是以宏观艺术学的研究观念和研究方法为根本,来进行中西方园林景观艺术的比较与研究的,而艺术门类之间的融通最为庞杂。为了不使本书的某一章节过于臃肿,前后比例失衡,故本章只择选其二,不求面面俱到,旨在窥斑而知全貌,推而广之地有效说明园林艺术与其他艺术门类的融通情况。

② 之所以选择音乐与园林艺术的关系作为对象,是因为绘画与园林艺术之间的融通性研究已经非常丰富,彼此之间的融通几乎达成业界的共识,而听觉艺术与园林艺术之间的融通性研究还很不够,视听艺术之间的隔阂羁绊仍然没有被打破,本章希望能够通过一定量的研究工作,结合上下的传承关系,为两者之间的通同性研究起到建设性帮助。

③ 因为所有的艺术通同性研究都是以假说形式出现的,所有的论证也都是在特征+实例+大胆设想的前提下完成的,因此也并不需要将所有的园林艺术与音乐之间的情况,一概生搬硬套到本章所得出的结论。本章节仅仅为未来的园林艺术提供一种可参考的思路,为鉴赏古典园林和兴建新的特色风格园提供一种可借鉴的建设性意见。

第4章 动衡：艺术批评与中西方园林景观艺术

艺术批评是园林艺术在发展过程中最为复杂的变量之一，它始终与园林艺术自身的发展维持着一种动态的守衡关系，也是阴影补偿理论中性质最不易把握的一朵云彩。本章将分别从4个方面来阐述：① 艺术批评与园林艺术的关系；② 以诗歌文学为主导的东方古典园林的艺术批评；③ 以设计师行会、业内刊物为主导的西方古典园林的艺术批评体系；④ 未来的艺术批评与园林发展应遵循的伦理关系。

4.1 艺术批评与园林艺术的对立统一关系

从单独的"时间点"上来看，艺术批评史与园林艺术发展史之间的关系，就是艺术批评和园林艺术发展的关系，而从整个"时间段"看，二者则又演变成史和史的关系。但是这并不妨碍我们理解两者的对立统一关系，因为只有既从微观的点时间考虑，又站在宏观的段时间里分析，才能使我们更加清楚透彻地了解研究对象。早在19～20世纪的文杜里(Lionello Venturi)时代，这位享誉盛名的艺术批评大师就曾明确表示过不赞成当时的学术界使艺术批评、艺术史、美学3门学科完全分立。"如果一个事实不是从判断的角度加以考察的，则毫无用途；如果一项判断不是建立在历史事实的基础之上的，则不过是骗人"①。诚然如是，也许三者之间本身的联系不容我们将其分开，总是有千丝万缕的关系；理顺这些关系，将有助于我们更好地理解中西方园林景观艺术在发展过程中各自的艺术走向，通过批评理论与艺术之间的彼此作用来了解园林艺术本身。

4.1.1 同步性与共生性——艺术批评史与园林发展史几乎是同时同步的

（1）同步性

考古学认为，实物的出现地点，将会有相当大的几率伴随着有相关记载的文献资料出土。对当时事物的记载是客观的，但是评价是主观的，记载与评价很多

---

① 文杜里. 西方艺术批评史[M]. 南京：江苏教育出版社，2005：4-5.

时候是同步发生的,主观的评价出现,意味着批评的产生。这种同步性,在我们的研究对象——园林艺术身上也是适用的。翻开古籍部的文献和资料,我们不难发现,两者的产生和发展在时间轴上保持着惊人的同步性(绝大多数是在相同或相近时代发生)。这种强烈的同步性,暗含着人类学意义:它们标志着造物活动(作为人类活动的一部分)、艺术思想(作为文化意识的一部分)都是人类的一种行为,它们是相互生成的,之如黑夜和白昼,相互推进,相互发展。那么,如果说园林艺术是造物活动的一种形式,那么艺术批评便正是艺术思想的杰出代表,它们互相依存,铸就着历史。

(2)共生性

任何一种艺术史是不应该将艺术批评割裂开来的。正如马克思主义哲学观所提倡的:应该科学地、有联系地看待事物与事物之间的关系。可以说,割裂开艺术批评的艺术史是单调的、流水账般的时间轴罗列,而割裂开艺术发展史的艺术批评,只会沦为空洞的、枯燥的说理。它们应该是共生的。

首先,园林发展史离不开艺术批评。园林的产生和发展是一种艺术实践的必然,艺术实践本身就是经验堆积的过程,艺术审美是在艺术实践中逐步形成的。("美是在劳动中形成的。"——恩格斯语)这种对艺术的认识形成理论,反过来作用于艺术实践的发展。因为任何一种对先存的取舍,都包含着艺术批评的思想过程,所以我们可以毫不迟疑地说,园林的发展时时处处都受到艺术批评的影响,没有艺术批评就没有艺术的更新和发展。

其次,艺术批评史应当有艺术对象存在。对象是批评的必备要素,不管是古老的塞诺科拉特的"自然模仿论"、中世纪的圣·奥古斯丁的"美的法则",还是文艺复兴时达·芬奇的"精确"、丢勒的"均衡",以及当代波德莱尔的"想象"与"修正自然"……尽管他们的学术观点各有相异,但都无法逃脱一个共同点,那就是他们的艺术评论都不得不构建在某个艺术对象上,或雕塑或音乐或素描或色彩("自然模仿论"针对的是雕塑,"美的法则"针对的是音乐与建筑,"精确"与"均衡"针对的是素描,"想象"与"修正自然"针对的是色彩)……脱离"泥土"的"参天巨树"是不存在的。

4.1.2 模糊性——艺术批评的针对性与园林艺术的反作用影响范围都是模糊的

艺术批评和园林艺术之间彼此作用的"模糊性"也是两者关系的重要特点之一,具体表现在艺术批评的针对性与园林艺术对艺术批评的反作用力的影响面。如果说同步性展示的是两者亲密的一面,那么模糊性则又是两者若即若离的属性表现。

（1）艺术批评的内容并不一定是专门针对园林艺术的

有些艺术批评并不一定出自专业的艺术批评家之笔，他们虽然批评实践相对较少，内容也相对零散，但极具批评价值（以中国为代表的东方的艺术批评史多数是由他们构建的）；他们涉及的内容大多数并不一定是针对园林艺术的，但是却模糊可用，大大推进着园林的发展。中国园林艺术发展很多都是由他们启发的，比如早在南齐极负盛名的谢赫"六法论"是针对绘画的艺术批评，但是"气""韵""思""景""笔""墨"六法却一样不少地用到了园林之中，这在后来明代计成的《园冶》中都体现了出来。"气者心随笔运，取象不惑"变成了"障锦山屏，列千寻耸翠，虽由人作，宛自天开"；"韵者隐迹无形，备遗不俗"则是"径缘三益，业拟千秋，围墙隐约于萝间，架屋蜿蜒于木末"；"思者删拔大要，凝想形物"则有"需求得人，当要节用"；"景者制度时因，搜妙创真"于是"让一步可以立根，斫数桠不妨封顶"；"笔者虽依法则，运转变通，不质不形"所以"园虽别内外，得景则无拘远近，晴峦耸秀，绀宇凌空"；"墨者高低晕淡，品物深浅"得出"须先选质无纹，俟后依皴合掇；多纹恐损，垂窍当悬"。六法之要，无不尽入其中。根本上讲，是中国的历代山水画评成就了计成，所以在他的自序里对于自己"最喜关仝、荆浩笔意，每宗之"的情况毫不讳言。在西方的园林艺术中也存在借鉴其他艺术批评（最常见的是风景绘画）的应用。

另外，还有一些本身并非艺术批评，但是对于园林来讲，却起到了艺术批评的作用。最典型的例子就是中外小说。我国最为人熟知的莫过于古典小说《红楼梦》，曹雪芹所描写的大观园是宁国府和荣国府的后花园，其间对园林艺术亦记录亦批评，褒批有度，令人叹为观止：比较突出的园林批评如描写园门"只见一带翠嶂，挡在面前"①，贾政道："非此一山，一进来，园中所有之景，悉入目中，则有何趣？"②将中国园林"贵移步换景，不喜平直"，只有"层层推进"，方可"渐入佳境"的艺术核心思质点明揭破。再有贾宝玉对斧凿之痕显露的造景之批评——"此处设一田庄，分明是人力造作成的；远无邻村，近不负郭，背山无脉，临水无源，高无隐寺之塔，下无通市之桥，峭然孤出，似非大观，那及前数处有自然之理，得自然之趣呢？"并进一步指出，倘若不遵循"天然"之境"非其地而强为其地，非其山而强为其山"，那么即使"百般精巧，终不相宜"③。无疑点出了中国园林应"因地制宜"，造"自然之景"的艺术方向，更将中国园林艺术中"天人合一"的思想观念

---

　　① 王先霈，周伟民．明清小说理论批评史［M］．广州：花城出版社，1988：540．语出自《红楼梦》第十七回"大观园试才题对额　荣国府归省庆元宵"。

　　② 王先霈，周伟民．明清小说理论批评史［M］．广州：花城出版社，1988：540．语出自《红楼梦》第十七回"大观园试才题对额　荣国府归省庆元宵"。

　　③ 陈炎，王小舒．中国审美文化史：元明清卷［M］济南：山东画报出版社，2000：320．

淋漓地展示出来。在西方更有甚者,由于莎士比亚文学戏剧的巨大影响,甚至在其作品中对园林的批评导向下,也在现实中出现了独特的风景花园——莎士比亚园(Shakespeare Garden)①。

(2)园林艺术对艺术批评的影响也并不仅在园林艺术领域

牛顿三大定律告诉我们,没有单独存在的力,任何物体,给它施加一个力,也必将受到物体的反作用力。正是如此,事实上,园林艺术史在受到艺术批评影响的同时,又如影随形地守候着人类的生活,而生活其间的艺术批评家在潜意识中就不断接受着园林艺术意境的熏陶和感染。这种熏陶在他们往后的艺术生涯中,潜移默化地展示出来,并影响他们的艺术实践——比如钟嵘《诗品》对谢灵运的诗歌风格评论:"譬犹青松之拔灌木,白玉之映尘沙,未足贬其高洁也。"再比如近代,李健吾在评何其芳的《画梦录》时说:"把若干情景糅在一起,仿佛万盏明灯,交相辉映;又像河曲,群流汇注,荡漾洄环;又像西岳华山,峰峦迭起,但见神往,不觉险巇。他用一切来装潢,然而一紫一金,无不带有他情感的图记。这恰似一块浮雕,光影匀停,凹凸得宜。"②还有沈从文对周作人文章的评价:"在路旁小小池沼负手闲行,对萤火出神,为小孩子哭闹感到生命悦乐与纠纷,用平静心,感受一切大千世界的动静。"③等等。这些文学批评的对象虽然与园林艺术并无直接关系,但字里行间却始终根植于园林艺术所创造出来的意境美之中,并将这种园林的美学意趣和曼妙的情境在对文学作品的评论中勾勒出来。倘若细细品来,实在难掩其影响。

除上述两点外,甚至连景观园林艺术与艺术批评之间的相互启发,本身也存在着模糊性。当然,这是艺术界"蛋鸡相生"的故事,我们根本无法追查出究竟孰先孰后、谁启发谁、谁影响谁。唯一可以明确的是,这种模糊性一直伴随着二者的历史形成。

4.1.3 互进性——艺术批评与园林艺术相互促进、共同发展

首先,艺术批评将造园活动的性质加以肯定。比如在西欧黑格尔以前的艺术评论家将艺术创作视为艺术家心灵的活动。在这种条件下,园林建造者便是艺术创作的主体,主观创作活动是由这些造园者来承担和实施的,他们是艺术

---

① Ron Engle, Felicia Hardison Londré, Daniel J. Watermeier. Shakespeare companies and festivals: an international guide[M]. Greenwood Publishing Group, 1995:416.

② 温儒敏. 中国现代文学批评史[M]. 北京:北京大学出版社, 1993:114. 语出自李健吾的《评何其芳先生〈画梦录〉》,初版于《文季月刊》第1卷1936年9月期,后载于《咀华集二集》,上海:复旦大学出版社,2005:89.

③ 沈从文. 沈从文文集(第11卷·文论:论冯文炳君)[M]. 广州:花城出版社,1984:97.

家,是创作者。而在中国历史上,讲求"智者劳心,愚者劳力",于是"三分匠人,七分主人"①,园林展示的是园主人或造园师等"能主之人"②的生活情趣、文化修养以及对艺术的感悟。因为"主人"是最主要的园林创作者,他们才是艺术家。所以上至皇家园林(康熙、雍正、乾隆都亲自从事园林的设计建造,圆明园的建设乾隆更是事事过问,但有不符合心意者皆推倒重来;宋徽宗也亲自参与设计"艮狱"并亲笔撰写《艮狱记》),下至绝大多数私家园林(园林史上著名的王摩诘之"辋川别业"、白居易之"庐山草堂")、宗教园林,无一不是他们(作为中国园林历史上真正执行设计工作的主要组成部分)的精心布局,匠心独运。不同的艺术批评直接导致了园林艺术创作主体的异化——这些园林艺术中的"能主之人"担当了西方人眼中艺术家的角色,而中国传统意义上的建设、实行者则以工人身份出现。与之相对,黑格尔后来对时代所出现的"机械规则论(把艺术创作视为一种简单的机械装配式劳作)"与"天才灵感论(把艺术作为一种纯粹的天才产物)"进行了批判,认为艺术创作既具有本能的感性面,又需要"靠对创造的方式进行思索,靠实际创作中的练习和熟练技巧来培养"③。这一艺术批评的主要影响就是艺术创作者与建设者合二为一的双重修为,从那时起,这种艺术家与工程技术工人之间的关系也就达成了某种程度的统一。这种情况在中国传统园林中是很罕见的,原因在于中国的"机械规则论"和"天才灵感论"被艺术批评家加剧了二者的割裂,即把纯然的技术活动和潜在灵感(高层次美学的宣泄)对立起来,而"匠气"一词也从来是以贬义词的身份出现的。于是就在一定意义上,导致了二者之间的隔阂。这就是不同的艺术批评,使造园活动的主体发生的异化情况。

其次,艺术批评给予了园林艺术发展的充分理由。拿中国来讲,中国的文人是构成艺术批评的主体。他们的艺术批评大都有一个共同的思想,那就是与大自然的和谐共存——这种存在的条件是善意的,互惠的。所以认为人类的文明与自然之间是传承的关系:重要的历史人物、历史事件与自然的启示有关,如玄鸟生商;自然的物质有人格化品性,所以无论是竹的文人气质(傲拔虚心、瘦劲孤高)、玉的"君子九德"、水的阴性(女性)气质……无不深深地赋予了人的灵魂和情感。单单只这一点,就给予了园林艺术发展演进的充分理由——这些构园要素在人文情感的组织下,被兼以搭配,形成一条可以利用的、具有强烈文脉的造园线索。于是,所有造园的行为从美学和功能的双向建构模式,演化成了具有人文格律、民族内涵、情感因素等多元建构模式杂和的艺术系统。因而在园林艺术中,具备了视觉欣赏之外的"心灵散步"(我们可以深切地感受到《红楼梦》中为什

---

① 陈植. 园冶注释 [M]. 2 版. 北京:中国建筑工业出版社,1988:47-48.
② 本书所言"主人"或"智者"是指园主人或造园师,而区别于造园工人。
③ 黑格尔. 美学(第一卷)[M]. 朱光潜,译. 北京:商务印书馆,1995:35.

么把竹植入林黛玉的潇湘馆,而信步于庭园中更可以被那一波静水、曲曲到塘的女性柔媚气质所感染)。

再次,园林艺术在接受着艺术批评的同时,也在一定程度上刺激艺术批评的前进。正所谓"物有两面",园林艺术的发展不断以新的姿态面对艺术评论家,后者不管赞成与否,本质上讲,都已经被前者所影响。因为以居住环境形态出现的园林景观,本身就对进行艺术批评的主体——人,有着潜移默化的塑造作用。从古希腊的小型家庭画园、贵族学园,到古罗马的庞贝柱廊园、哈德良别墅,到文艺复兴布拉曼特的观景楼庭院……每一次新园林艺术形式的诞生,同时也意味着新的艺术批评的阵地诞生。他们以作家、批评家、诗人、科学家、智者的身份出现,有意或无意地、细微地亲身体悟这些身边的艺术,并以文学、诗歌、哲学、技术、评论的形式进行艺术批评,顺利地完成这两者的互进。

4.2　以诗歌文学为主导的东方园林艺术批评

周维权先生在他的《中国古典园林史》中,把我国的园林史大致分为3个阶段:生成期、转折期、兴盛期和成熟期。但是园林史是否就是园林艺术发展史,这是一个值得商榷的问题。在商周秦汉(也就是园林史的生成期)的大部分时间里,园林都是以复制自然(或者说照搬自然)为建设模式的,严格地说,它只是园林,还称不上园林艺术——即使是使用者和建造者本身也没有把它当成艺术来欣赏。天子之圃方圆百里,诸侯四十里,如此偌大的苑囿,目的不是游赏园林本身,而是狩猎、生产以及"多取野兽蜚鸟置其中"的乐戏,人们只是把园林当成一个场地而已,这时的园林营造属于一种低级的复制自然的过程,甚至可以说只是在选定的有山水树木的土地上,围上了墙篱而已,所以有《说文》曰:"囿,苑有垣也。"《国语·周语》曰:"囿有林池,从从木有介。"

艺术批评的介入,使园林真正成为了园林艺术。我国从园林到园林艺术的蜕变期主要发生在后汉到魏晋南北朝时期,也就是园林史中所谓的"转折期"。园林开始注重精神、情意的传达,并在士族阶层的参与和推广之下,呈现出精神纯化的趋势:对"风骨"追求以及内在修为的刻画,达到极致之后,使得山石林泉不仅仅局限于视觉审美,甚至癫狂至整个情感世界,万事万物几乎都被赋予了精神的烙印;对玄学的崇尚使老庄的美学思想成为造园的文脉主线,相当一段时间里(甚至延续至今),园林的艺术批评是绕着老庄美学打转;对"隐逸""避世"的需要,使得园林的本体总是贴近于郊野自然,这种情感在中唐以后的文人园林中发挥到极点——也可以说,文人园林中追求的"壶中之隐"在那个时候就被奠定。而诗歌是中国古典文化影响最为深远的艺术载体,也是中国古典文化最能动、最主要的艺术形式,甚至是"文体之母""一面旗帜"①。而中国园林艺术作为一门营建、游赏、居闻的综合性艺术也从来就没能脱离过诗词的笼罩(从门楹对联到匾额字画再到游赏雅作,内容形式不一而足),蓦然观之,一首首精妙诗篇,胜似篇篇精简凝练的艺术批评,针对中国古典园林的营构、树石、草木、意境等等,层层叙之,娓娓道来。可以说,中国诗歌(除小说、戏剧之外)作为园林艺术批评中最重要的组成部分而存在着。本节之笔墨就以此为线,通过"选地构造""草木栽培""水石经营""谐合变幻"以及"意境导引"5 个部分予以论述。

4.2.1　选地构造

中国明代园林理论经典《园冶》的开篇提到:"凡结园林,无分村郭。地偏为胜……围墙隐约于萝间,架屋蜿蜒于木末。山楼凭远,纵目皆然……萧寺可以卜邻,梵音到耳……"初读此篇便觉熟悉非常,常有似曾相识之感,遂浮想联翩,念及唐宋诗歌,才豁然开朗。所谓"竹径通幽处,禅房花木深。山光悦鸟性,潭影空人心。万籁此俱寂,但余钟磬声"②,其中"通幽""深""空""万籁""俱寂"讲的正是"地偏","万籁此俱寂,但余钟磬声"写的就是"梵音到耳"。而名句"香云低处有高楼"③(此句实为反语,虽为低云,然则楼宇能与云相接,可见虽为"低云",实是"高楼")则无疑对影响并促成园林艺术中"山楼凭远,纵目皆然"以及"高方欲就亭台,低凹可开池沼"④等造园原则不谋而合。

有关置景理论方面,可从"茅檐长扫净无苔,花木成畦手自栽。一水护田将绿绕,两山排闼送青来"⑤讲起——这是王安石书赠自己在金陵时的邻居杨得逢的一首名诗,写于王安石晚年罢相隐居以后。全诗写尽园林艺术的借景、隔景的移天缩地之能,诗的末两句可直译为"小河一条,绕田而转,翠色郁茵;两山远望,推门而至,送翠吐青"。此类诗句的批评作用,暗合于明清之际成熟的园林构造学中"借景""障景"的源头和理论基础。《园冶》后云"远峰偏宜借景,秀色堪餐",讲的正是此理。

造园选址方面,早溯于屈原《九歌》就已有这样的记叙:"筑室兮水中,葺之兮荷盖;荪壁兮紫坛,播芳椒兮成堂;桂栋兮兰橑,辛夷楣兮药房;罔薜荔兮为帷,擗蕙櫋兮既张;白玉兮为镇,疏石兰兮为芳;芷葺兮荷屋,缭之兮杜衡。合百草兮实庭,建芳馨兮庑门。"⑥其中的"筑室兮水中""播芳椒兮成堂"以及南北朝时期的

---

① 分别为陕西省作协副主席阎安与现代诗人雨田访谈语录。
② 唐·常建,五律,《题破山寺后禅院》。
③ 南宋·范成大,词,《南柯子》。
④ 明·计成,《园冶·卷一·相地》。
⑤ 宋·王安石,七绝,《书湖阳先生壁》。
⑥ 先秦·屈原,《九歌·湘夫人》。

"阳岫照鸾采,阴溪喷龙泉。残机千代木,麕峉万古烟。禽鸣丹壁上,猿啸青崖间""况我葵藿志,松木横眼前。所若同远好,临风载悠然"①,都是我国后来所形成的园林选址的原则依据。此外,"步翠蘿崎岖,泛溪窈窕,涓涓暗谷流春水"②"青苔古木萧萧,苍云秋水迢迢。红叶山斋小小。有谁曾到? 探梅人过溪桥"③"探奇不觉远,因以缘源穷。遥爱云木秀,初疑路不同。安知清流转,偶与前山通"④等词句,则几乎完全与中国传统园林理论中所倡导的"门湾一带溪流,竹里通幽,松寮隐僻,送涛声而郁郁"⑤的情境相匹配。这些在一定程度上奠定了园林艺术中所极力营造的曲径通幽、婉转回环的美学效果。至于"园禽与时变,兰根应节抽。凭轩搴木末,垂堂对水周。紫箨开绿筿,白鸟映青畴。艾叶弥南浦,荷花绕北楼。送日隐层阁,引月入轻帱"⑥,已经是颇为详细的造园方略了,园林营建原则亦可见一斑。

4.2.2 草木栽培

说到草木栽培,对园林艺术而言,首先是草木的选择。那么中国古典园林中喜闻乐见的草木,是如何被选中并经久不衰的呢? 在一定程度上,务应归功于中国历史上独领风骚的文人雅士。他们的好恶,赋之于诗作之中,饱读诗文或附庸风雅的园主人,或往往邀请当地知名文人来"相园""观园""赏园",毋庸置疑,此类诗作评论也就在一定程度上左右了园林艺术中苗木的选用与发展。暂举几例,予观之:"孤松宜晚岁,众木爱芳春"⑦点的是松;"万木冻欲折,孤根暖独回。前村深雪里,昨夜一枝开"⑧赞的是梅;"苑中珍木元自奇,黄金作叶白银枝。千年万年不凋落,还将桃李更相宜。桃李从来露井傍,成蹊结影矜艳阳。莫道春花不可树,会持仙实荐君王"⑨咏的是桃李;"兰有秀兮菊有芳,怀佳人兮不能忘"⑩评的是兰和菊……此外,"兰叶春葳蕤,桂华秋皎洁。欣欣此生意,自尔为佳节。谁知林栖者,闻风坐相悦。草木有本心,何求美人折"⑪一诗,是张九龄遭谗言贬谪后所作《感遇十二首》之冠首。此诗借物起兴,自比兰桂,以春兰秋桂对举,点出

---

① 南北朝·江淹,《游黄檗山》。
② 宋·苏轼,《哨遍》。
③ 元·张可久,散曲,《天净沙》。
④ 唐·王维,《蓝田山石门精舍》。
⑤ 明·计成,《园冶·卷一·相地篇·山林地》。
⑥ 南北朝·沈约,《休沐寄怀》。
⑦ 唐·陈子昂,五律,《送东莱学士无竞》。
⑧ 唐·齐己,五律,《早梅》。
⑨ 唐·贺知章,七古,《望人家桃李花》。
⑩ 汉·刘彻,《秋风辞》。
⑪ 唐·张九龄,五古,《感遇十二首·其一》。

无限生机和清雅高洁之特征，同时抒发诗人孤芳自赏、气节清高、不求引用之情感，这类诗作赋予了兰桂一种文人高洁的气质，从而在园林花木中传为佳话。又如苏东坡诗云："可使食无肉，不可使居无竹。无肉令人瘦，无竹令人俗。"无疑是对竹的人格特性给予了至高的评价……

　　这些中国园林庭院中喜闻乐见的植物，绝大部分是经过诗人的点评，赋予其人格化，而园主人的精心排布与栽培，也正是在这类艺术批评的导引下，借物明心，表达了自身的某种内在气质与品格。唐宋诗人中写花木至多者，以白居易为最，仅以植物命名的就有《紫藤》《庭松》《桐花》《庭槐》《溢浦竹》《答〈桐花〉》《涧底松》《惜（柟）李花》《亚枝花》《蔷薇花一丛独死不知其故因有是篇》《画木莲花图寄元郎中》《木莲树生巴峡山谷间巴民亦呼为黄心树》《戏题木兰花》《木芙蓉花下招客饮》《感白莲花》《洗竹》……事实上，白居易也是有记录的历史上最早的造园家之一，他的《庐山草堂》《草堂记》均在古代志书上有所记录，其中《草堂记》详尽地记录了庐山草堂的营建过程。而这里，他的诗则是作为艺术批评出现的："南方饶竹树，唯有青槐稀。十种七八死，纵活亦支离。何此郡庭下，一株独华滋？蒙蒙碧烟叶，袅袅黄花枝。"[1]这原本是白居易借槐思乡之诗，却在另一方面成就了槐树在园林中的知名度与栽培地位。而他的另一首"君爱绕指柔，从君怜柳杞。君求悦目艳，不敢争桃李。君若作大车，轮轴材须此"[2]则借枣木，点出了园中花木从"绕指柔"到"悦目艳"的各自特色。事实上，正是古代诗词文人对于这些植物的偏好，潜移默化地形成了后来的造园原则，也正是"插柳沿堤，栽梅绕屋，结茅竹里"[3]的理论源头。

　　另外值得一提的是中国园林对"古木"的倾慕，这与传统诗词（尤其是唐以来）对古木的反复推崇是分不开的。陈子昂有"古木生云际"[4]和"古树连云密，交峰入浪浮"[5]之句，僧志南则云"古木阴中系短篷，杖藜扶我过桥东"[6]，高适作"白帝城边古木疏"[7]，王维有"古木官渡平"[8]，李贺写"木薜青桐老，石井水声发"[9]，卢纶有言"树老野泉清"[10]，杜甫更是爱古极深："孔明庙前有老柏，柯如青铜根

---

① 唐·白居易，五古，《庭槐》。
② 唐·白居易，五古，《杏园中枣树》。
③ 明·计成，《园冶·卷一·园说》。
④ 唐·陈子昂，五排，《白帝城怀古》。
⑤ 唐·陈子昂，五排，《入峭峡安居溪伐木溪源幽邃林岭相映有奇致焉》。
⑥ 南宋·僧志南，七绝，《绝句》。
⑦ 唐·高适，七律《送李少府贬峡中王少府贬长沙》。
⑧ 唐·王维，五排，《送魏郡李太守赴任》。
⑨ 唐·李贺，五古，《题赵生壁》。
⑩ 唐·卢纶，五律，《秋晚山中别业》。

如石。霜皮溜雨四十围,黛色参天二千尺。君臣已与时际会,树木犹为人爱惜。"①……总之,木要老,水要声,是园林后期形成的比较稳定的审美定则。以至于在后来的造园理论中,甚至可以改变造园布局以迎合古木位置,而后叹"雕栋飞楹构易,荫槐挺玉成难"②!

4.2.3 水石经营

关于上节提到的"水要声",我们可以轻而易举地罗列出对"石泉有声者为佳"的诗文评论:如"石泉漱琼瑶,纤鳞或浮沉。非必丝与竹,山水有清音。"③"流泉不可见,锵然响环珏。"④"拨云寻古道,倚石听流泉。"⑤以及"云连帐影萝阴合,枕绕泉声客梦凉"⑥叙述的都是水石的听感,而"泉石多仙趣,岩壑写奇形。欲知堪悦耳,唯听水泠泠"⑦评的则是"泉"唯以"水泠泠"为妙,"岩壑"应以"奇形"为佳。此外"幽音变调忽飘洒,长风吹林雨堕瓦。迸泉飒飒飞木末,野鹿呦呦走堂下"⑧更是在风声、雨声、泉声、动物啼鸣声的综合作用下,对传统园林中声感的评述。这些都是后来中国传统园林所注重的"闻",也正是水石营构中要求做到的"风中雨中有声"的听感程度。此类词句都为其形成奠定了基础。

除了声之外,园林对于泉的要求还有"清澈"和"灵动"两点。关于"清澈",早在诗经中就已经有明确的记录"相彼泉水,载清载浊"⑨,而为了显示泉的清澈,泉之周围必布以石材,其道理想必得自名篇"明月松间照,清泉石上流",以及屈原《九歌》中的"山中人兮芳杜若,饮石泉兮荫松柏"。⑩ 所以泉石两者总是形影相随,只因本身已经你中有我,我中有你,不可离分。至于"灵动",古人的诗词批评里,则往往从泉的"流动"与"活性"上做文章:如"野竹疏还密,岩泉咽复流"⑪,"精舍买金开,流泉绕砌回。芰荷薰讲席,松柏映香台"⑫,以及南宋杨万里脍炙人口

---

① 唐·杜甫,七古,《古柏行》。

② 园冶有云:"多年树木,碍筑檐垣;让一步可以立根,斫数桠不妨封顶。斯谓雕栋飞楹构易,荫槐挺玉成难。"

③ 西晋·左思,《招隐》。

④ 南宋·陆游,《山行》。

⑤ 唐·李白,五律,《寻雍尊师隐居》。

⑥ 唐·杜牧,七律,《题青云馆》。

⑦ 唐·上官昭容(婉儿),七绝,《游长宁公主流杯池二十五首》。

⑧ 唐·李颀,七古,《听董大弹胡笳兼寄语弄房给事》。

⑨ 《诗经·小雅·四月》。

⑩ 先秦·屈原,《九歌·山鬼》。

⑪ 唐·杜牧,《秋晚与沈十七舍人期游樊川不至》。

⑫ 唐·孟浩然,五律,《题融公兰若》。

的《小池》："泉眼无声惜细流,树阴照水爱晴柔。小荷才露尖尖角,早有蜻蜓立上头。"①这些都是当世以及后世对园林的水石营造的重要理论来源。

4.2.4　谐合变幻

中国古典园林历来还注重各个造园因素与四季、天气的配合,某种程度上讲,这与我国古诗词的反复强调是分不开的。比较著名的有"沾衣欲湿杏花雨,吹面不寒杨柳风"②,是加入了雨的杏花,和参合了风的杨柳,侧面评价了杏花借雨而弥香,杨柳借风而愈柔的景观特色。《古柏行》中的"云来气接巫峡长,月出寒通雪山白"③则在古柏的基础上,配合引入了云与月;而"春尽草木变,雨来池馆清"④既指出了季节变化时园林植物的变化,又描写了雨天对庭园景象的影响;"雨涤莓苔绿,风摇松桂香。洞泉分溜浅,岩笋出丛长"⑤则评点了恰当的园林布置,在雨后园林内可发生的一系列美的变化:"莓苔绿"—"松桂香"—"泉分溜"—"岩笋出";朱熹云:"却怜昨夜峰头雨,添得飞泉几道寒"⑥,又把雨天对庭园景象的影响拓展到了感受层面;"松冈避暑,茅檐避雨,闲去闲来几度?醉扶孤石看飞泉"⑦是在司空曙的基础上更进一层,写明了季节与植物、天气与建筑,甚至心境与园林小品之间的关系。而白居易《庭松》一诗更把四时朝暮园景中的松之变化,写得分分明明:"朝昏有风月,燥湿无尘泥。疏韵秋槭槭,凉阴夏凄凄。春深微雨夕,满叶珠蓑蓑。岁暮大雪天,压枝玉皑皑。四时各有趣,万木非其俦。"其中"四时各有趣,万木非其俦"一句,直接点出园林中植物的四时各有特色,同时亦各有不足,暗示只有把握了植物不同时期的风格特点,才能一年中尽得"四时之趣"。这就是后来造园理论所言:植物配置,要做到因四时不同,而能四时之景不同,花木"四时不谢"⑧,并得四时之乐也。

在园林的谐合变幻方面,还要注意的一点就是"光影"。古人对于光影的重视不亚于季节变化:"微照露花影,轻云浮麦阴"⑨着意于花影、云阴;"便觉眼前生意满,东风吹水绿参差"⑩则描写在风的作用下影的曼妙变化与迷离景象;"风止

---

① 南宋·杨万里,《小池》。
② 南宋·僧志南,七绝,《绝句》。
③ 唐·杜甫,七古,《古柏行》。
④ 唐·王昌龄,五律,《静法师东斋》。
⑤ 唐·司空曙,五古,《过终南柳处士》。
⑥ 宋·朱熹,七排《九曲棹歌》。
⑦ 南宋·辛弃疾,词,《鹊桥仙》。
⑧ 明·计成,《园冶·卷一·相地篇·傍宅地》。
⑨ 唐·曹邺,五古,《霁后作》。
⑩ 宋·张栻,七绝,《立春偶成》。

松犹韵,花繁露未干。桥形出树曲,岩影落池寒"①是无风尤动的松,结露的繁花,配合之下的曲树、岩影;而"窗户纳秋景,竹木澄夕阴。宴坐小池畔,清风时动襟"②更是白居易的大手笔,直接将"窗户虚邻……受四时之浪漫"③和"动涵半伦秋水……凡尘顿远襟怀"④的造园思想娓娓道来,秋景、夕阴、宴坐小池、清风动襟,使"四时""光影""景物""天气"精妙匹配,谐合变幻跃然于诗上。再有王昌龄诗云:"高卧南斋时,开帷月初吐。清辉澹水木,演漾在窗户。……千里共如何,微风吹兰杜。"⑤让我们细品诗中的意境:"我在南斋高卧的时候,掀开窗帘玩赏那初升的月儿。淡淡的月光倾泻在水上、树上,轻悠悠的粼粼波光涟漪映入窗户……纵千里迢迢,可否共赏,这微风吹拂着清香四溢的兰杜。""床""帘""窗""月""影",加上"水""波""光""思""香",俨然一个浑然的通感意境,园林的美丽,必须是一个综合感受叠加的产物,而园林艺术的高劣,也是"视景""听景""嗅味""触感""神思"(或游行)五者共同决定的,缺一则不能全其美。在这些因素的协和作用下,才形成了艺术价值极高的中国古典园林。

4.2.5　意境导引

如果说,前面讨论的诗文价值是幕后的艺术批评,具有阅读的延时性,是客观的,那么接下来的这一节,独有不同,它是主观的、以协助欣赏为目的的、当面的艺术批评。此类诗文,或悬于堂上,或题于壁间,或对联于左右,或书于屏上……作为园景的评价与点题,暗暗充当了全园意境的导引者。这里我们分三个方面来论述。

其一,自比。自比即是借园名、匾额、对联等引申出园主人自己的人生遭遇、人身际遇以及志气报复等内涵,最终引导其与全园的意境相统一。此类情况,在中国古典园林中屡见不鲜,比较著名的有:拙政园之园名,"拙政"二字本来自于西晋文人潘岳《闲居赋》中"筑室种树,逍遥自得……灌园鬻蔬,以供朝夕之膳(馈)……此亦拙者之为政也"之句,以其取为园名,暗喻自己把农事作为自己(拙者)的"政"事,借以表达躬心世俗之外、不问政事的人生态度。而经历120余年后的崇祯年间,拙政园东部园林归侍郎王心一所有,曾将"拙政园"易名为"归园田居",取意陶渊明的诗《归去来兮辞》。再有同在苏州的网师园、沧浪亭,则分取屈原《离骚》中的"渔隐"和名句"沧浪之水清兮,可以濯我缨。沧浪之水浊兮,可

---

① 唐·刘禹锡,五排,《海阳湖别浩初师》。
② 唐·白居易,五古,《病中宴坐》。
③ 明·计成,《园冶·卷一·园说》。
④ 明·计成,《园冶·卷一·园说》。
⑤ 唐·王昌龄,五古,《同从弟南斋玩月忆山阴崔少府》。

以濯我足"，以表自己的隐逸之志，此类皆为自比。

其二，点题。所谓点题，即是将造园的创意亮点展示出来，便于欣赏者理解。如颐和园"知春堂"。所谓知春，其实来自于"草树知春不久归，百般红紫斗芳菲。杨花榆荚无才思，惟解漫天作雪飞"①。全诗的意思是，在春意将尽之际，众花竞放的晚春时节，杨花、榆钱都后知后觉，还未及反应就已经随风如雪片般，漫漫飘落了。"知春堂"就是说此堂设之处，必然春花烂漫，是春去春回皆先知的院落厅堂，暗示其春日之时，必姹紫嫣红、争奇斗芳。又如拙政园"远香堂"，堂名取周敦颐《爱莲说》中"香远益清"的名句。每至夏日，池中荷叶婆娑，远风扑面，携来缕缕清香，匾虽无"荷"字，而荷香自现，则处处有荷。另一方面，园主又可借花自喻，表达了园主高尚的情操。

其三，两者得兼。事实上，很多园林是"点题"与"自比"兼而有之的。比较明显的例子是"个园"，其园名"个"者，竹叶之形，主人名"至筠"，"筠"亦借指竹，以"个园"点明主题。而对联"月映竹成千个字，霜高梅孕一身花"②则来自于杜甫名句②，园主人则借竹形、梅影影喻自己的高洁。此外，另一大特色——四季假山（用墨石、湖石、黄石和雪石，分别表示春、夏、秋、冬等四季的变化）取自"春山淡冶而如笑，夏山苍翠而如滴，秋山明净而如妆，冬山惨淡而如睡"③。正是凡此种种借比拟而产生的联想（象征手法），借助文学语言（园林题咏）手法，被赋予匾额、题对，最终将园林的意境美无限扩大，延伸至文学作品创造的画面和意境，从而产生强烈的美感催化作用。

春华秋实，中国诗歌仿佛一把无形之尺，悄悄地规划着园林的审美取向，继而在形成的园林审美中继续深化、层层推进，不知不觉中，在园林艺术领域中结果，从而成为后来的模样。园林艺术的生成与演进，也正是园林创造者在这些抽象的意境中反复咀嚼，将诗文中对山山水水的反复描摹、指点江山，逐步凝练成写意的画，真实的园。中国传统园林的艺术形式也许告一段落，一如中国古典诗歌在当代已走进博物馆让人瞻仰；但是中国园林艺术的发展却远远不会终结，艺术批评的无形之尺今后无论花落谁家，也都将一直度量下去……

---

① 唐·韩愈，七绝，《晚春》。

② 袁枚《随园诗话》卷二第三中写道：少陵云："多师是我师。"非止可师之人而师之也；村童牧竖，一言一笑，皆吾之师，善取之皆成佳句。随园担粪者，十月中，在梅树下喜报云："有一身花矣！"余因有句云："月映竹成千'个'字，霜高梅孕一身花。"余二月出门，有野僧送行，曰："可惜园中梅花盛开，公带不去！"余因有句云："只怜香雪梅千树，不得随身带上船。"

③ 宋·郭熙，《林泉高致》。

4.3 以设计师行会、业内刊物为主导的西方艺术批评体系

4.3.1 以美学为依托的艺术批评

同西方其他艺术门类相似,园林艺术的艺术批评在早期也是以美学为依托,通过哲学家、美学家学说、著作的导向,进行着园林艺术的创作上的不断调整。这些哲学、美学论著在行业体系没有形成之前,起到了代理的艺术批评的作用。事实上,即使在行业体系成熟之后,很多时候这些"代理的艺术批评"也仍然在起作用。

我们以影响范围最广的黑格尔《美学》为例加以说明。在全书论序中黑格尔主要讲了四点内容,事实上也是针对艺术的四点根本性的艺术批评。首先,黑格尔将"美"做了定义,并通过自然美与艺术美两方面加以说明,园林艺术中对美的追求也就从自然美和艺术美两方面受到了规划。而其中源于"自然"的部分加上"心灵"的部分,剔除掉"多余的(不美的)东西",而成就"艺术美"的过程,无疑又遇到了"美"与"不美"的困惑。之后通过对美的范围与地位的规划,以抽象的形式对艺术中的"美"与"不美"进行了第一轮批判性的筛除。其次,在"美和艺术的科学研究方式"中又抛出了两个重要的观点:"经验"和"理念",其中也通过如荷姆(Henry Home)的《批评要素》,巴托(Charle Batteaux)的论著以及冉姆勒(KarI Wilhelm Ramler)的《美的艺术引论》,进一步说明通过鉴赏力"安排、处理、分寸、润色之类有关艺术作品外表的东西",继而将如何在"经验"和"理念"的对立统一下进行"科学研究方式"。这是又一轮的基于研究方法上的艺术批评。接着,黑格尔又在"艺术美的概念"上,进行了一系列大刀阔斧的批评,其中包括:"艺术品作为人活动的产品""艺术品是人的感官从世界汲取的感性元素""艺术的目的在于模仿""艺术的目的在于激发情绪""更高实体性目的说",以及历史上的诸说诸流……每一项都与园林艺术的实践活动有着或多或少的关联。这些都是基于艺术大观念的艺术批评,具有各艺术门类可以普遍采用的美学规则,但是许多美学论著也会或多或少地涉及与园林艺术有关的门类艺术。如黑格尔《美学》中,就在艺术题材划分中,对艺术的类型提出了"象征型""古典型""浪漫型"的划分,并明确了各自的司职属性。而在"各门类艺术的系统"部分,划分了建筑、雕刻、音乐、绘画、诗歌等类别,并各自具体加以阐述其来源、职责、特点与功能。在阐述的过程中褒贬分明,算得上是相对比较具体的艺术批评。

黑格尔只是西方世界美学领域的诸多繁星中较为璀璨的一颗,此前的康德、

席勒、温克尔曼、谢林，以及此后的海德格尔也都是浩海之一滴，他们的美学理论和艺术批评，也都对当时及后世的园林艺术产生过或产生着影响。当然这些艺术批评毕竟还是笼统而不确切的，西方园林艺术真正意义上的艺术批评，是到了18世纪初各类景观园艺协会、建筑景观设计师行会的纷纷成立之后才形成的。

4.3.2　以设计师行会、业内刊物为主导的西方艺术批评

西方的园林设计师在早期往往是归属于建筑或者城市规划的，那时的行会更多的形似于手工业者同盟，如中世纪的"包须特（Bauhütte）"就是建筑与石料行会的总称。艺术批评真正起到作用，却只是在距今并不遥远的公元18世纪左右，那时的建筑师行会已经非常成熟，许多协会除了在保证设计师的行业权益之外，积极开展定期的学术活动，各类景观园林设计事务所如雨后春笋，蓬勃发展，一些周期性的刊物逐渐发展起来，虽然还比较零散，但已经作为艺术批评的阵地，开始了自身的运转。到了19世纪之后的近代，以奥姆斯特德（Frederick Law Olmsted）为首的景观园林大师们创立了"建筑景观"（Landscape Architecture）的概念，一时间相关的各类行业机构四起，在范畴上也修编了详细的规定，随之创办了相关的一系列学术刊物，成为了设计师的园地，彼此交流创作心得与艺术理念，这些行业内相关的学术会议、刊物杂志、学术论坛都陆续成为园林艺术的艺术批评主要阵地，对当时的流行观念、新近设计、实际案例以及艺术导向进行分享与甄鉴。而风景园林（Landscape Garden）、景观花园（Landscape Gardening）等专业词语借助相关语义也更加流行，而各类学术讨论以及学术刊物的创办与革新也在此时轰轰烈烈地展开。

20世纪80年代，又出现了以建筑设计的评判为目的的软件"建筑设计评判体系（Architecture Design and Assessment System）"，通过对"理想建筑"[①]的"设计价值"从"美学价值（Aesthetic Design Values）"[②]"社会价值（Social Design Values）""环境价值（Environmental Design Values）""传统设计价值（Traditional Design Values）""设计的性取向价值（Gender-based Design Values）""经济价值（The Economic Design Value）""文本价值（The Novel Design Value）""数学与科技价值（Mathematical and Scientific Design Values）"等方面予以综合评判，其中又分为各个小块，如"美学价值（Aesthetic Design Values）"又分为"艺术性和自我表现方面（Artistic Aspects and Self-expression）""设计的灵感与时效性

---

① Ivar Holm. Ideas and beliefs in architecture and industrial design: how attitudes, orientations, and underlying assumptions shape the built environment[M]. Ivar Holm, 2006：218-238.

② Ivar Holm. Ideas and beliefs in architecture and industrial design: how attitudes, orientations, and underlying assumptions shape the built environment[M]. Ivar Holm, 2006：218-238.

(The Spirit of the Time Design Value)""结构、功能与对设计材料的忠实性(The Structural, Functional and Material Honesty Design Value)""简约设计价值 (The Simplicity and Minimalism Design Value)""自然与原生态设计价值(The Nature and Organic Design Value)""经典、传统与地方性美学价值(The Classic, Traditional and Vernacular Aesthetics Design Value)""宗教价值(The Religionism Design Value)"七类。于是景观园林行业也开始了相关的研究与开发。

　　总体而言,在园林艺术领域,西方的艺术批评其细致与专业程度自18世纪以来进入了蓬勃发展的高潮期,步入近代之后,我国园林艺术的艺术批评也在逐步跟进,向西方靠拢。

4.4　未来的艺术批评与园林发展应遵循的伦理关系

　　尽管我国以诗歌为主体的艺术批评给园林艺术以灵魂,但是正如本章前面所讲,这些艺术批评却大多不是专门针对园林的,而是反映在文学作品(如诗词、小说)和画论之中。园林只是一种情境的载体,并没有太多的艺术评论家针对其本身给予评论。中国的园林史有3 000多年,是世界三大造园系统之一,创造出了辉煌的园林艺术,然而理论方面,却比较零星散乱(多出现在诗、词、志、史、文集、画题之中),如《诗经》中关于周文王灵圃、灵沼的描述,"庶民子来""与民同之",就有提倡、赞扬的意思,《论语》中孔子与弟子在沂水上春游的一段对话,《世说新语》简文帝入华林园"翳然林水,便自有濠濮间想"的感叹,《三辅黄图》《洛阳伽蓝记》中评论优秀园林的标准是"有若自然"……这些对艺术批评方面虽然都有涉及,但毕竟缺乏系统性,而真正针对园林的、翔实专业的艺术批评却是少得可怜。这也从另一个侧面证明了"造园者为匠"不屑一评的历史心态,但又偏偏无法抵御园林艺术的魅力,有意无意借行文、绘画等方方面面聊以叙之。虽然这种被艺术批评既认可又不认可的尴尬境地并不仅仅在中国,西方艺术批评史中也存在着同样的问题,但是及至近代的西方,关于景观园林专门的批评活动越来越繁盛起来,艺术批评在真正意义上走向了对于园林艺术的觉醒,我国在新中国建立以后,也紧随其后积极开展园林艺术领域的艺术批评实践活动。从学术会议到刊物论坛,取得了丰厚的学术、科研成果。

　　但是这并不意味着当前的景观园林艺术的艺术批评已经尽善尽美、非常乐观——相反,其中许多针对景观园林艺术专门的艺术批评都存在着夸大其词、滥用材料、张冠李戴、不务真务实等不负责任的情况,针对这一现象的解决,本节提出了艺术批评未来发展中与园林艺术之间应遵循的伦理关系,并以此作为对本章的终结。

在伦理学中，义务论和结果论始终是争执不下的两大派系，在这两大派系的不断抗争之下，诞生出了一种折中的方式——"温和的结果论"[①]，也就是说，既不能完全按照道德自身使其成为目的，也不能忽视了功利的价值追求，重心在结果。事实上，艺术批评与园林艺术发展之关系，与商业伦理又有不同，它毕竟是根植于艺术发展的伦理形态，所以，相对的，应该更站在义务论的角度进行，我们可以把它归纳为"温和的义务论"。

（1）艺术批评应对园林艺术的发展负责

温和的义务论首先根植于道德义务论所规定的道德原则，其次并不排斥整体的功利价值追求。只有在两者发生冲突时，才以道德标准为尺度对功利价值做出牺牲。也就是说，因为园林艺术的灵魂是在艺术批评的不断打磨下形成的，那么，艺术批评就应该在这个"打磨"过程中，对园林艺术的发展负责。

针对不同的艺术批评主体，其"温和"的范围也不尽相同：学术性的艺术批评，应在本着负责的指导意义的职业道德基础上，立意求新，彰显学术特色，不可本末倒置，一味标新立异，哗众取宠；商业性的艺术批评（如新园墅落成的商业评论性文章、宣传等）和娱乐性的艺术批评，则应在不误导园林艺术发展的前提下，达到娱乐效果或汲取商业利益。

（2）园林艺术的发展有意识地关注艺术批评

对于艺术批评的出现，园林艺术不应该有绝对排斥的现象。任何艺术批评的出现，园林艺术的创作者应该积极关注，仔细考量，做到"有则改之，无则加勉"，如此则可以使两者形成一种有益的互动，而这种相互指导的风气一旦形成，园林艺术发展和艺术批评本身都将被推向一个新的高度。

（3）两者应积极寻找途径保持有益互动

16 世纪以来，无论是科学活动还是艺术创作，都渐渐进入了一个社会化和国际化的存在模式，学者的研究、艺术的创作、设计的进行都从个人活动发展成集体活动，人们以追求真理为目的，总会把自己的发现、创作成果告诉志同道合的人，形成学会、沙龙等。这种现象在当代已经相当普遍，愈来愈多的艺术家和艺术评论家，艺术家和科学家，艺术家和工程师、机械师联合起来，他们共同创造出令人惊叹的艺术品。园林艺术除了要关注艺术批评之外，艺术家还要和艺术评论家成为朋友，长期合作，积极地寻找机会互相交流，大规模地互动。如此的良性循环，不仅是园林艺术，所有的艺术形式都将会有长足的进展，艺术与艺术批评之间的融通，也定会有辉煌的未来。

---

① 陈少锋. 伦理学的意绪[M]. 北京:中国人民大学出版社,2000:106-106.

第5章 交融:中西方园林景观艺术之间的"不完全流动"与当下的发展际遇

园林作为艺术家族中的一员,不可避免地面对着艺术的共性——流动性,它如同血液一般,奔流在岁月与地域的交互中,新旧交换、不断成长。奔流,也只有奔流,才能不断融汇,不断添加新鲜的成员,不断创造新的艺术活力与艺术魅力。在此,笔者聚焦历史上两段极为重要的中西方园林景观艺术交融,顺着他们的轨迹,或许会带来关于当代中西方园林景观艺术发展的可能性推想。但是园林艺术又作为门类艺术的一种,在奔流过程中有着与其他门类艺术并不相似的发展历程。下面让我们先来回顾一下第二章中提到的"阴影补偿理论":

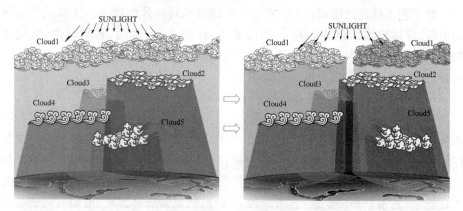

图 5.1 "阴影补偿理论"变化图(见文后彩图)

两图中移动最为明显的 Cloud1 和 Cloud5,在运动过程中,它们毫无疑问地造成了地面阴影的变化,而且相同的云层在不同的 Cloud1 的阴影下呈现的合色是不同的,尤其是第二幅图中的 Cloud3。它一半处在左边橘红色 Cloud1 的阴影下,另一半处于右边淡黄色 Cloud2 的阴影下,分别呈现出橘黄色和黄绿色的合色阴影。归根到底,这就是南橘北枳的道理。而东西方园林艺术的血液流动中,存在的"不完全",也恰在于此。

5.1　17、18 世纪"东学西渐"的局限与误区

17、18 世纪是东西方园林艺术双双走入巅峰的历史时期,同时也是西欧的园林艺术在经历了古希腊园庭、意大利台地园之后,过渡为法国巴洛克式园林占据主导地位,并逐渐迈向成熟且风格趋向稳定的特定时期。从艺术学角度来说,艺术交流与养分吸收,正是风格趋向稳定的艺术家最常出现的精神诉求。也就是说,在这一时期,萌生出对东方异域艺术的好奇与欣赏是一种发生率很高的自然行为,而绝非偶然事件。加上科技的进步,世界交通越来越不是困扰艺术行进的问题,东西方的艺术对话也就理所当然地产生了。当然,除了园林艺术之外,其他门类艺术——比如音乐、绘画以及设计行业(比如家居设计、陶瓷设计等),都有相类的吸收与延展。可以说,这是一次历史上规模浩大的东方艺术西行记:在西方相对开明的政治以及市民对艺术具有较高尊崇度的帮助下,东方园林艺术,这位敦厚而谦逊的艺术家,在西方友人的热情邀请下,脚步匆匆地带着自己积攒了千年的艺术文明,迈向了西方社会。

5.1.1　17、18 世纪的血液流动

意大利人马可·波罗算是先驱中的先驱,早在其 1299 年狱中完成的口述稿《马可波罗游记》(*The Travels of Marco Polo*),就约略提到了富丽堂皇而风格迥异的东方各式园林①。后来从意大利传教士利玛窦、法国耶稣会传教士王志诚,到苏格兰建筑师、造园家威廉·钱伯斯(W. Chambers)勋爵,英国上流画家、建筑师威廉·肯特(William Kent)及其学生兰斯洛特·布朗(Lancelot Brown),德国造园家路德维希·吾择(Ludwig Unzer)……他们都或是先后踏足东方惊异于如此迥然的园林艺术,或是沉醉于插图与文献中反复琢磨,最终都情不自禁地伸出艺术家的友谊之手,从而成为协同完成这次园林史上艺术融合的有功之臣。随之诞生的,就是"中英园"(The Anglo-Chinese Garden),也就是后来风靡欧洲,并在今天公园时常可见的"英式园林"②(English Garden or English Landscape Park)。

这类园林,大都抛弃了古典主义园林的基本概念:尽量将所有原本清晰的边界变得模糊起来,进而使园林的游览成为一种连续的过程。第三章里曾经提到的丘园(Kew Garden),即是由钱伯斯亲自设计的园林作品,也是英式园林重要的典范之一。在丘园的偏西侧,至今仍矗立着标志性建筑——中国塔,相似的身影

---

① 《马可·波罗游记》第 2 卷记载蒙古大汗的皇家园林,第 3 卷记载杭州、泉州等地的江南园林。

② 法语中为 Jardin anglais,意大利语为 Giardino all'inglese,德语为 Englischer Landschaftsgarten.

在德国的慕尼黑、德骚等地的英式园林中都可以看见。在这一系列艺术思想及设计理念的交流活动中,英国相对德、法等其他欧洲国家显得远为积极,是扮演主要角色的东道主。这些交流活动就如同一扇敞开的窗户,将远在东方的新鲜空气引进来,最终弥漫整个欧洲。而在中国园林艺术中那"庭院深深深几许"的似有似无的淡淡忧伤背后,逐渐形成一股力量,把欧洲"伤感主义"(Sentimentalism)推向高潮,以至于 18、19 世纪伤感主义代表人物——德国的歌德(Johann Wolfgang von Goethe)、海涅(Heinrich Heine),法国的伏尔泰(Voltaire①)等等都是英中式园林的爱好者。我们有时禁不住疑问:究竟是东方园林艺术恰到好处地迎合了这股"伤感主义"风潮,方才使得自身能够扎根西方世界,还是恰是东方园林艺术的到来,暗中帮助了伤感主义先驱们找到创作灵感,帮助新的艺术风格得到真正的成功?就像艺术的融合交流之后产生新的艺术风格一样,就像斑斓的色彩的存在规律一样,"黄色"与"蓝色"调和,得到的是鲜艳而明快的"绿"。

5.1.2 流动的误区与不完全

虽然可以说,东西方园林艺术在此时完成了在一定程度上的血液流动,但是,这种流动却并不完全,同时充满了误读、曲解,甚至错解。"那时欧洲的中国热是基于对中国园林的思想和本质很不了解的基础之上的"②,因而西方人"无法从根本上把中国园林艺术学到家"③。这种误区,首先源于引用目的和动机上的不纯:引入中式园林艺术的园林,并不是完全基于真正对东方园林艺术的理解和热爱,很大程度上只是源自此前盛行的洛可可主义所掀起的"中国风"。对东方事物的新鲜与猎奇,从家具、陶瓷、工艺饰品、地毯、刺绣图案……一切具有东方风格的事物,都是当时喜闻乐见的收藏品。在权威专著《房屋与园林(House and Garden)》的 33 卷第 2 期和 34 卷的第 4 期中曾有如下记载:

从 17 世纪后半叶到 18 世纪,每一样中国的东西无论在法国还是英国都广泛受到欢迎,这种情况甚至一直持续到了 19 世纪……④

在这种情况下,为了提高销量,欧洲市场上纷纷出现了仿照东方风格的工业、手工业产品,东方的园林艺术也正是在如此的背景环境之下,被引入到西方世界来的。而基于猎奇与炫耀为目的的引入,毫无疑问是很难做到对艺术的真正解读的。

---

① 原名 François-Marie Arouet。

② 周武忠. 中国古典园林艺术风格的形成[J]. 艺术百家,2005(5):111.

③ 周武忠. 中国古典园林艺术风格的形成[J]. 艺术百家,2005(5):111.

④ 笔者译,原文为:"Everything Chinese was favored both in France and England from the latter part of the 17th Century through the 18th Century and well into the 19th..."*House and garden*,Volume 33,Issue 2 and Volume 34,Issue 4. Condé Nast Publications,Ltd. ,1994.

其次,表现在对东方园林认识的错解:许多西方设计师把表象上的"边界模糊",当作东方园林的本质,在没有理解东方营园内涵的情况下,形而上地把形式当作内容来学习,并"大刀阔斧"地对当时现存的许多西方园林进行修改,造就了一大批驴唇不对马嘴、不伦不类的"垃圾"。我们且来看看英式花园中为了模糊边界,为了将景物连续而进行的一系列改革:为了达成这样的目标,设计师们纷纷开始除去笔直的园路、精心修剪的植被、规则的水池,甚至借用了当时的油画中风景画派的构图和表现,但是令人失望的是,最终造就的不过是一个又一个"拆了围墙"的"森林"和"天然牧场"。图 5.2 是笔者摄于英国伦敦市的著名的摄政公园(Regent's Park),从中不难看出,这所谓的标准的英式花园与其说与中国园林相似,倒不如说更像是加了雕塑和园路的缩微森林。此外在许多英式园林中,欧洲园林艺术中原本的充满智慧的图形与高贵典雅的气息都荡然无存,而纷纷代之以缩微的原始绿地和荒长的植物与灌木。以至于 19 世纪之后,"以福比斯(Archibald Forbes)在雷芬斯府邸(Levens Hall)重新修剪整形灌木为开端"[1],开始了一浪又一浪保护和重修幸存的规则式古典园林的活动。正是由于对园林艺术的因由、逻辑关系与内涵的把握不足而导致的诸类误区所带来的严重后果,在未来的园林艺术之路上才应该加倍注意,坚决杜绝。因为这绝不是一时的历史事件,恰恰相反,这是在艺术交流过程中经常发生的情况,在下节将要提到的园林艺术的血液自西向东逆向的流动中,也出现了相似的情况。

图 5.2　有意模糊边界的英式园林

5.2　在战争中沦亡的纯正艺术血统

如前面所说的,东方的园林艺术曾经作为尊贵的客人骄傲地驻足于欧洲大

---

① 周武忠. 寻求伊甸园[M]. 南京:东南大学出版社.2001:77.

地,令人遗憾的是,东方这位谦逊而温厚的艺术家,一直沉醉于自己的精神世界,正如本书第一章提到的,这种艺术情感宣泄的方式导致他含蓄而内敛,极少邀请他的西方艺术家朋友前来做客(除了圆明园等皇家园林尚曾借鉴,但是这种独立的个别的借鉴并非群体行为和社会行为),以至于西方园林艺术在东方真正地被社会接纳,居然是在鸦片战争及随之而来的一系列殖民行为之后。

东方诸国的自信与自负,都被一波一波的殖民战争挤压得粉碎,"西洋"变成了"强大"与"先进"的代名词。而对待西方诸物(包括艺术理念)从最初的漠不关心,逆转为以敬惧之心衍生出的"神化"效果,以至于几乎所有认为不错的东西,必然加"洋"字以冠之,此种情况如今仍然得见。西方园林艺术恰恰是在这种情况下,随着建筑一同以"先进者"的姿态,涌入东方社会的。由于这不是一个平等的艺术交流,可以说,是一种以"成王败寇"的胜利意识为主导思想的强势引入行为,所以这种引入缺乏自然的艺术沟通(即应有的艺术碰撞和艺术磨合)。这就使处于政治弱势的东方纯正的艺术血统遭到了一定程度的践踏,甚至在许多场合根本就是被孤立、消亡了。但是这种沦陷并不是完全悲观的,因为消亡是相对的,也是东方艺术在重生前必然经历的一次浩劫。

事实上,半殖民地时期,是中国近代历史上艺术思想的碰撞和冲击最为激烈的时期,是新奇与恐惧并肩、保守与激进同行的时代。大量的艺术思想被嫁接和异化,对西方列强的惊惧和敬畏使狭义拿来主义盛行,但乐观的是,人们血液中的爱国主义情怀却空前高涨,中国传统的审美情趣与艺术思想也在剔除糟粕的同时如野火烧不尽之势,在经历了洗礼而仍能生存下来的珍贵传统艺术养分中,敞开胸膛,在广泛吸收中不断前进。就是这样一个矛盾的时空区间,从建筑到工艺品到音乐到绘画,艺术在这样的艺术思想浸润下,呈现着无与伦比的诡异与妖艳。纯正的东方艺术血统逐渐在战中沦亡,这一时期中西艺术思想的审美杂和就此完成。也正是在这种情况下,由于引入过多的不同而又不加选择和删减,导致了园林艺术设计理念上的消化不良,从根本上造成了新旧艺术杂合后的"怪胎"出现。这种怪胎在洋人聚集的开埠城市屡见不鲜,情况不外乎以下两种:① 官宅和华人商业巨贾;② 洋人自身的别墅楼。

中国现存半殖民地时期建筑最多的,主要是上海、大连、青岛、北京、广州等开埠城市,这些地区都是当时英、法、美、日等列强的纷争之地,而其中尤以上海最为激烈。巧取豪夺、杀戮迫害、纸醉金迷……末世的危机导致人们沉沦,也导致浮世堕落前的异常繁荣,一切不确定造就了全世界冒险家的梦之国。也正是因为如此,仿西方古典式(如白崇禧住宅)、欧洲乡村别墅式(如罗别根花园)、西班牙式(如张学良公馆)、美国殖民地式(如乌鲁木齐南路 51 号住宅)、中国传统式("一正两厢"式传统住宅,如新华路 200 号住宅)、地中海式(高安路 63 号)、美国南方庄园式(富兰克林住宅)……风格各异的建筑、园林纷纷在这些地方粉墨登场,人文精神的杂交,艺术风貌的共存,审美思想的碰撞,统统在这里汇为一炉,在岁月的烈火下熔炼。在列强船坚炮利的殖民威慑下,中国传统艺术思想处于弱势地位,西洋的各种思想(包括艺术思想)被广大民众所崇畏,崇洋情节愈演愈烈。于是,中国的本土思想与西洋文化在园林艺术中一次又一次地"嫁接"。

表现在艺术风格上,诞生了一批混合式的与园林艺术相对应的近代建筑——园林建筑师为迎合居住者的心理,设计出一批没有自己的风格,只是其他建筑风格形式的单纯组合的洋房。如民国时期上海市市长吴铁成住宅(今天华山路、镇宁路交界处),外形是中国寺庙园林式艺术构型,而所有园林装饰却都是西洋美学风格的怪诞组合;再如武康路 117 弄 1 号住宅,原本是"西班牙式花园住宅"[①]的西式园林,而室内装饰却广泛采用中国传统建筑的"彩画平面和广漆地板"[②],极为有趣的是,甚至还出现了"石狮子守门"[③]于西班牙花园别墅的滑稽情景……这些都不是艺术上的良性结合,从手法上来看更像是波普艺术中的"拼贴",完全没有中西园林和建筑本身的艺术之美上的考虑,只是通过元素的堆砌,强行叠加而形成园林"怪胎"。

这种低级的杂交混合状态,一直到 1920 年以后才渐渐趋于融合:逐渐开始在美学思想上秉承西方,但对于中国的艺术空间认识和空间习惯并不抛弃,布局在重视立体效果的基础上,仍然展示出中国古代对空间分割和墙面色彩的重视,比如爱克路上的姚有德住宅,既有美国现代建筑艺术大师赖特的"流水别墅"式的建筑意味,又兼顾"庭院

图 5.3 陆家嘴的"颍川小筑"

深深深几许"和"曲径回廊"的审美意趣;而 1925 年于陆家嘴落成的"颍川小筑"(如图 5.3),使中式园林于内构筑壶中妙境,又置西式花园于外能与建筑的形制相得益彰,"真是中西合璧美轮美奂"[④]。与此同步的还有贝祖怡住宅、周湘云住宅等一批为数不多的艺术思想有机融合的代表作。

一言以蔽之,这一时期的建筑表现,正是中国式庭院与西欧别墅风格的审美

① 薛顺生,娄承浩. 老上海花园洋房[M]. 上海:同济大学出版社,2002:108.
② 薛顺生,娄承浩. 老上海花园洋房[M]. 上海:同济大学出版社,2002:108.
③ 薛顺生,娄承浩. 老上海花园洋房[M]. 上海:同济大学出版社,2002:108.
④ 杨嘉祐. 上海老房子的故事[M]. 上海:上海人民出版社,2006:264-265.

杂交。在徐悲鸿、李苦禅等无数艺术革新的先驱努力学习西方艺术理论和实践之后,对西方园林艺术的正确解读成为可能,中西园林艺术的融合也向应有的方向而前进。但是,对西方园林的误读和错读并不是过往云烟,时至今日仍然屡有发生。而从园林艺术的本质和内涵出发而理解其本身的内在情绪,在未来的园林艺术之路上避免由于对园林艺术的逻辑关系与美学意义的把握不足而导致误读和曲解,正是本书的撰写目的。

5.3 中西方园林景观艺术的交互发展际遇

随着科学技术发展的愈演愈烈,人类对自然的掌控能力也越来越强,随之而来的对生存环境的破坏力也就越来越强。在未来的生活中究竟如何运用这种力量,让我们的生存环境向哪方面发展,成为人们思考的焦点,中西方园林景观艺术的交互发展也同时呈现出前所未有的际遇。

5.3.1 "城市大园林"的形式与内容

著名科学家钱学森先生曾一针见血地指出城市的通病:"……一座座长方形高楼,外表如积木块……人们见不到绿色,连一点蓝天也淡淡无光,难道这是中国 21 世纪的城市吗?"针对这样的现状,钱老提出了立足于本土的"山水城市"的概念,鼓励城市使用"西方的 Landscape,Gardening,Horticulture"[1]等词都无法囊括的中国园林,来"以中国园林艺术美化我们的城市"[2];通过这种"中国的传统,一种独有的艺术"[3],达到"结庐于画境"的生存空间改善。无独有偶,欧洲也在前后不到 50 年的时间里几度深化了类似的呼吁,这一切也都与联合国所提出的"可持续发展"相吻合。但是,面对"山水城市"的趋势,目下甚至未来所要营造的"城市大园林"并不单单只是构建一个个和谐流畅的自然主义公园而已,还应该有具体的内容与形式的要求:

(1) 历史积淀与审美意识、美学思想的套嵌

历史沉淀是审美意识和美学思想的基础,很好地了解前者之后,再进一步把握后者,就可以相对清晰地策划出地域性艺术文化的脉络了。而历史积淀与审美意识、美学思想的套嵌上,地域性的审美差异则是其最明显的表现。

---

① 周武忠.园林:一门独特的艺术——著名科学家钱学森的园林艺术观[J].中国名城,2009,99(12):17.

② 周武忠.园林:一门独特的艺术——著名科学家钱学森的园林艺术观[J].中国名城,2009,99(12):17.

③ 周武忠.园林:一门独特的艺术——著名科学家钱学森的园林艺术观[J].中国名城,2009,99(12):17.

宏观上看,这种地域性的审美差异存在于民族与民族、国家与国家之间。以绘画为例,同为四大文明古国的埃及和中国,各自为自己建立了一套合适自己"心象观念"的美学法则,所以在对待相同问题上(如墓葬内的绘画)"埃及画家把池塘与树木的关系画成它'本身是的'样子和关系……中国画家把墓主夫妇画成他'希望是的'升天者"①。于是,历史沉淀、美学思想、地域艺术三者直接挂钩。

微观上看,即使在同一国家,不同地域之间仍会有差异性审美意识。比如同在中国、同在四川省且同为寺庙园林的峨眉山与青城山(如图5.4),就具有截然不同的历史积淀:峨眉山位于中国四川省峨眉山市境内,集自然风光与佛教文化为一体;而位于四川省都江堰市西南,与峨眉山同省相望的青城山,则是历史上著名的道教圣地,素有"洞天福地""人间仙境"的美称。恰历史积淀如此,就注定在审美意识和美学思想上会有极为明显的不同:峨眉山以山势雄伟为美,它高出五岳,古老、巍峨;于金顶极目远望,视野宽阔无比,景色十分壮丽,恰符合佛教以"正大"为美的思想。于是在构筑思想上极尽其妙——南设万佛顶可见云涛滚滚、气势恢宏,与西面的皑皑雪峰、贡嘎山、瓦屋山以及金顶的日出、云海、佛光、晚霞自成一格,无比壮大。青城山则连峰环绕、山林茂盛,山路浓荫覆地,迤逦依绕参天古木,四季常青——恰符合道家以自然、虚灵为美的审美思想,其故得"青城天下幽"之誉。无论是建筑气象、绘画雕塑、民乐民曲,还是状貌风物、民风民俗、传奇传说,美学特征都各有不同。可以说,两者根据的是截然不同的线索。建立和谐的"城市大园林"之关键,就是看如何很好地把握合适的线索,进行相关的建设和维护,从而重墨构架出相互呼应、彼此补充的园林艺术之脉络。

图5.4 同为寺庙园林的地域性审美差异

(2)历史遗迹与地域性艺术的套嵌

历史遗迹是曾经的地域艺术,正在创造的是现在的地域艺术,"曾经的"和

---

① 孔新苗,张萍.中西美术比较[M].济南:山东画报出版社,2002:80.

"现在的"应该有一种潜在的联系,这种联系就是地域艺术中所谓的"传承性"。倘若这种传承性在"城市大园林"中背道而驰,从而使前后形制出现断层,就会产生极大的不协调,从而使环境居住者或游园者产生不伦不类的知觉。因此,结合历史遗迹与地域艺术的套嵌,建立与其相契合的园林景观至关重要。

图 5.5　西安雁塔北广场及其公共绿地

　　西安市雁塔区的大雁塔遗址,始建于唐高宗永徽三年,后来经过多代修整而成为现在的七层楼阁式砖塔,造型简洁,气势雄伟,是我国佛教建筑艺术的杰作。然而它地处南郊小寨闹市区不远,那里各类现代商铺林立,交通繁华,如何在这样的地区,套嵌好历史遗迹与地域性艺术,无疑是景观设计中的一个"烫手的山芋"。但是,雁塔北广场公园(如图5.5)的建造——权且不提它在其他方面表现如何,仅就接驳历史遗迹与地域性艺术方面——无疑是成功的。整个广场以大雁塔为中心轴三等分(很好地呼应了传统的建筑形制),中央为主景水道,左右两侧分置"唐诗园林区""法相花坛区""禅修林树区"等景观,广场南端设置"水景落瀑""主题水景""观景平台"等景观,所有景观相互呼应,整齐地依偎在大雁塔脚下,相得益彰。该旅游景观设计果断地以"唐代风格""佛教"为中心词,同时紧扣历史名人(如诗仙李白、药王孙思邈、玄奘、唐太宗等)、朝代文化设置景观,同时辅之以地域性特色艺术的雕塑(如"斗戏""笙乐""胡舞""剃头匠""吹糖人")艺术地展示出唐代生活的角落,每盏路灯皆以唐式的碎方块构图,上面各题唐诗一首,文风蕴蕴……所以,它虽然是亚洲最大的喷泉广场和最大的水景广场,拥有全世界最豪华的绿化无接触式卫生间、世界最长的光带、规模最大的音响组合……却毫不喧宾夺主,游者站在这片从古代到现代的过渡性公共绿地中,依旧能感受到古风猎猎。

(3)以城市园林艺术为中心的和谐体系

当园林本身的美学思想和地域性艺术文化的脉络被整合之后,体系就已经基本形成了;而城市大园林的体系完善,则需要依靠更深一步的调节与弥合。具体可分为三步:

首先,合理利用中西方地域性的艺术特征,协调确定园林主旋律。这种协调表现在尊重本地审美意识以及与本地文化历史积淀相一致的基础上有目的、有取舍地借鉴其他造园形制。虽然"讲求中国传统,则离不开中国的'大木作'或'小木作'和作为第五立面的中式大屋顶……讲求西洋传统的则离不开'三段式'、'五柱范'、穹顶和拱券……"①但仍然要不拘泥于传统、在传统中创新,同时又要做到创新有度、有益创新。而合理有效地利用地域艺术的主流特征,就必须具有本书所反复强调的对中西方意识源流、艺术观念、艺术融合、艺术批评等方面的正确认识。确定主旋律,是城市园林布局的重中之重。

其次,有隐有显,分布着墨,做到浓淡相合,进而显现城市园林艺术的连贯性,展示脉络。每一个城市都有很多的"节点",这些"节点"或是城市的政治中心、经济中心,或是文化中心、历史遗迹,或是休闲中心、文化景点……而这些"节点"的轻重,关系着"躯干"和"四肢"的和谐存在。将前面确定的主旋律重墨勾勒——如罗马广场上的诸喷泉和双子教堂,而其他的一切,则淡淡晕染,甚至不在记忆中掠过。在对待地域性艺术文化的问题时,尤其要注意这一点:任何一个地域的文化、传说、节庆、习俗都有不同的特性和门类,种别繁多,抓住重点,有针对性地择取才是关键。换句话讲,"特色"与"主流"就是重墨之所在。

最后,局部的细节调整。巧妙地利用各种艺术要素使园林艺术进一步统一与强化——从色彩的选择(如与皇家有关的金黄、代表东欧文化的宝石蓝、与江南有关的徽派灰白……)、特色艺术元素的使用(特殊时期或特殊地域的特有图案、符号),到乐曲(地方的喉舌,如陕北信天游)、集会(如慕尼黑啤酒节、桂林"三姐"故乡的对歌会)的陪衬。正如明朝文人张大复在《梅花草堂笔谈》中对月亮这一艺术道具的利用所达到的神妙之效果:"……故夫山石泉涧,梵刹园亭,屋庐竹

①　吴家骅. 环境设计史纲[M]. 重庆:重庆大学出版社,2002:242.

树,重中常见之物,月照之则深,蒙之则净,金碧之彩,披之则醇,惨淡之容,承之则奇……人在月下亦常忘我之为我也。"正是如此,恰当道具的使用,一如蔚蔚际空里悄然披上的一抹彩虹,使原本的美丽更多了几分回味,更为可观——和谐体系也就随之而生了。

5.3.2 正面临着历史上最大规模的中西方园林景观艺术交互

继上述两次园林艺术史上不成功的艺术思想的血液交流之后,现在,正面临着比从前两次规模更为巨大、范围更加广泛的全面交流阶段。为了使犯过的错误不再继续,有效地节省艺术资源,这就需要对中西方园林景观艺术的本质有更深刻的认识研究。

与之前两次相比,此次的园林艺术交融,既不是建立在小范围的猎奇思想推动下,也并不处于强烈政治背景左右的时代下,而是作为世界造园体系之间对彼此美学意义的欣赏和建设的借鉴需求,建立在平等的基础上,随着全球化和信息交流无孔不入的互动而进行的最大范围的园林艺术交互。从构筑平台来讲,可以说是园林艺术史上最具优势的一次机遇。我们可以看到,在研究理论上,中国和欧洲两大园林体系都对彼此的研究有了针对性的加强,东方研究者纷纷投入到西方艺术的研究中去,而西方也有如《东亚艺术史(Die Kunstgeschichte Ostasiens im Deutshprachingem Raum①)》等被翻译成多国文字、风靡欧洲的艺术史和艺术理论著作;研究实践方面,各类园林景观的设计事务所在异国开花,如EDSA、SWA Group、KTUA、4D景观设计、易道、URBIS、ELA等著名国际景观园林设计公司也都跨越了东西方的地理隔阂②,纷纷在亚洲开办了公司。那么,在这样的交互平台中,中西方有着怎样的融合特点呢? 综合而言有两个特点,下面分节述之。

5.3.3 中西方园林思想融合的"走出来"与"伸进去"

所谓的"走出来",事实上,就是在未来的园林建设上从未来的外形桎梏之中"走出来";"伸进去",则是在学习与研究传统园林的艺术思想上、在保存古文化留存与修复古园林的复原工作中,以及在运用与发展传统园林的艺术元素的使用中"伸进去"。"走出来"与"伸进去"是同时同步,看似是思想上的对立,实际在

---

① Zentrum für Ostasienwissenschaften, Institut für Kunstgeschichte Ostasiens. Die Kunstgeschichte Ostasiens im Deutshprachingem Raum[M]. Ruprecht-Karls Universitäte Heidelberg. 2007.

② EDSA: http://www. edsaplan. com/;SWA: http://www. swagroup. com/;KTUA: http://www. ktua. com/;4D景观设计: http://www. 4dld. com/;易道: http://www. edaw. com/;URBIS: http://www. agm. co. nz/;ELA: http://www. elagroup. com/;英国阿特金斯: http://www. wsatkins. com/;美国龙安: http://www. jaodesign. com。

行动上是完全统一的。

首先,从本地域、本传统的形式胡同之中解放出来,积极地学习对方的园林艺术的形式、园林艺术的方法、园林艺术的风格,给自身的发展和前进以启示,这就是"走出来"的过程。表现在具体的行动上就是大胆地开拓,努力展开营建本地域传统园林所不熟悉的新式样、新风格、新结构的园林实践活动。

但是,倘若仅仅抱着"走出来"的单极发展思路,盲目地照抄照做,无异于盲人摸象,最终的结果无非是与前两次相似而更大范围的艺术杂合,与真正意义的艺术融合差之甚远。这就需要第二步"伸进去"。

对于中西方园林景观艺术的彼此"伸进去",包括从园林艺术的意识源流、艺术观念、艺术融合、艺术批评等方面的综合认识与理解。中西方都将传统园林艺术的留存视为历史文化的骄傲和宝贵的非物质文化遗产,从本身旧园的修复和对本领域过往历史的瞻仰也都显示出巨大的人文意义和历史价值,要学习和借鉴彼此艺术精华,就必须知其然且知其所以然,在根本上精研对方的艺术理论,充分领悟设计本质。譬如本书第一章提到的中国的美学特点在于整体之美,对全局的把握,长于集体的智慧与视觉效果:我国的绘画艺术从来就不是图片式的(如西方油画的定焦比例影响下的一幅一景,可以一幅以概全览),山水画则更是散点式的、整体的,其本身也讲究"可游""可居"[①],可以说就是一片虚拟的旅行空间或人居空间。这时就不难理解,私墅园林尺寸狭小,但是为了追求"可游""可居"的效果,就必然需要有效地安排空间:于是,巧妙通过障景有效增加巡游距离,从而达到延展园林容量的效果,用适当借景来增加园林本身的进深和层次,以"小中见大""须弥芥子""壶中天地"等为创造手法,以达到"三五步行遍天下,六七人雄会万师"的艺术效果。因此,西方造园师只有"伸进去"把握了中国园林艺术中的本源问题,才能"走出来"真正做到形制上的借鉴。对于东方造园师来说,其理亦然。

所以只有做到"走出去"与"伸进来"两者的相结合——不仅做到两步走,还要做到同步走,才能够充分、适当地利用当下优越的交流交互际遇,同时有效地杜绝"画虎不成反类犬"和"摹鹤成鸡"的艺术悲哀。

5.3.4　从借鉴中变革到核心思想的领受

有效的艺术交流表现在借鉴的具体过程实践中,应当完成从造园形式上的跟从式变革,到方法、风格上有目的的变革,再到核心思想领受吸收的升华过程。

在感官上,在各项园林艺术元素构成如植物、雕塑、山石、水法以及建筑中处

---

① 郭思,《林泉高致集》。

处体现出美的熏陶;既没有生搬硬套的"生硬感",也没有东拉西扯的"粗糙感";在视觉感受、听觉感受、嗅觉感受以及心理感受上都能给观者、游者以舒适感和愉悦感。

在逻辑上,能够通过对彼此艺术本质的研究而做到在园林文脉之间,具备合理的上下文的传承关系;各元素之间因为有共同的根络而可以彼此和谐存在,既没有视觉上的突兀感,也没有感知上的断层与心理上的疏远;能够通过领会认识彼此的艺术本质,而找到园林各要素之间的共同点,进而开发出正确的组合,变革出自然和谐的新形式、新方法、新风格。

在创作风格上,能够根据对园林艺术的深刻把握,在中西方的不同地域根据地域性特色自由切换所需要的艺术风格,并配合设计师自身的气质偏好、居住者的喜好形成独特新颖的、有存在价值和历史意义的创作风格。

在变革素材上,能够不拘一格积极从其他艺术门类的理论与实践中汲取营养,并能够吸收核心思想的精华营养所在。以园林艺术对中国画的吸收为例,比如盛大士在《溪山卧游录》中提到的"画有三到":"理也、气也、趣也;非是三者不能入精、妙、神、逸之品。故必于平中求奇、纯绵裹铁、虚实相生。"①其中的"理、气、趣"同时也可以作为东方园林设计的重要参考条件,而"平中求奇""纯绵裹铁""虚实相生"则分别从营构心思、对比布局、美学配合等方面给予了方针上的设计指导。这些才是关键,倘若仅仅追寻外在的形似,或是一味搬照古式风格或传统构型,往往与现代生活格格不入,只会给人一种不伦不类、有形无神的行尸走肉之感。再如,古称"山水以树始"②,画论中对草木的重视,并不仅仅在于花树的排布对山水构造的作用,还在于植物本身的性质是软性的,往往在园林落成之后,还有修复、补充、点缀、强化等作用,算得上是园林中最重要的调和者了(陈从周先生在《梓翁说园》中提出:"私家园林必先造花厅,然后布置树石,往往边筑边拆,边拆边改……"③),所以草木乃山水之始也。山石的营构决定庭院的气魄,水的设计则务求巧妙,两者配合,运用得当,则可达到"一石以代山,一勺以代水"之妙境。这些都是仅仅观摩现成的园林艺术所难以得到的,从中不但使我们对传统园林的营造窍门有所了解,甚至还帮助在头脑中形成新的妙境神思,以及提供以后造园的概念依据。吴良镛先生在《人居环境科学导论》一书中提到的"通中外之便"和"通古今之便"④正是此理之具体化。在此点上的正确把握及其相关的园林实践活动,与比较学习中西方其他艺术门类是分不开的,这也就是本书第三

---

① 盛大士,《溪山卧游录》。

② 钱杜,《松壶画忆》。

③ 陈从周.梓翁说园[M].北京:北京出版社,2004:13.

④ 吴良镛.人居环境科学导论[M].北京:中国建筑工业出版社,2001:67.

章所强调的中西方园林景观艺术与门类艺术之间的融通。

由此可见,这次历史上最大规模的中西方园林景观艺术交互,从学习的互动平台、借鉴方式,到功能化与风格化,都于潜在之中呼应着本书前面章节所着意分析的内容,而中西方园林景观艺术比较中的艺术差异化本质,也就在此时更加呼之欲出了。

5.4　城市空间的审美生命周期思维

人类社会一直是艺术诞生并得以存在的基础,社会人类学中所提到的诸要素也正是公众审美意象不断发展的动因和持久动力。而公共艺术作为城市空间中审美的重要载体,由于其"公共性"承担着除艺术传播之外的社会属性体现、公众思想导向、政府形象传播、城市文明象征,以及历史脉络延续等传播载体,不断丰富并鲜活着社会母体本身。正如玛克斯・德索在《美学理论》一书中提到的,"当唯物主义大胆地将精神赤裸裸地与肉体合而为一时,实证主义则建立了一个自然力量的体系,说相依性决定着秩序"[①]。这种相依性也同样表现在社会母体对公共文化的需求方面——公共艺术作为城市审美的代表和公共文化的重要组成部分,在社会母体的孕育之下,进行着一轮又一轮的创意循环,形成了城市空间固有的审美生命周期思维,并持续以这种思维迎合甚至影响着社会母体。我们要发现并掌握这种思维,就首先需要我们对社会母体与城市空间中的审美艺术形式之间的关系有更深入的认知,本节我们将从公共艺术着手,对其进行进一步阐释。

5.4.1　社会母体与审美艺术形式

欧洲资深文化创意规划咨询师查理斯・兰德利曾说:"社会母体有一项重要的资源,那就是人。"[②]的确,因为人的智慧、欲望、动机、行为等因素,部落蜕变出政权,渔、猎、耕为主的乡村演化出多元化城市,社会母体变得越来越复杂。而这一系列演进的历史,形成的地域化文明,倡导的政府形象,现有科技化程度,以及公众的社会习惯与素质等,成为与城市空间中的审美艺术形式最为息息相关的内容,同时也是决定公共艺术这一载体的核心思想。

（1）城市文明

本文所指的城市文明,包括城市历史与地域文化两部分。著名科学家钱学

---

①　[德]玛克斯・德索. 美学与艺术理论[M]. 兰金仁,译. 中国社会科学出版社,1987:77.

②　[英]Charles Landry. The Creative City:A Toolkit for Urban Innovators [M]. Published in UK by Earthscan,2000:38.

森先生曾一针见血地指出现代城市的通病："……一座座长方形高楼,外表如积木块……人们见不到绿色,连一点蓝天也淡淡无光,难道这是中国21世纪的城市吗?"针对这样的现状,越来越多的城市在发展过程中针对各自的城市文明,策划出地域性艺术的文化脉络。历史遗迹是曾经的地域艺术,正在创造的是现在的地域艺术,"曾经的"和"现在的"应该有一种潜在的联系,这种联系就是公共艺术中所谓的地域"传承性"。社会母体为公共艺术提供了养分与素材,而公共艺术又连接着城市文明的"过去"和"现在"。换而言之,社会母体需要在城市中有历史文明(或地域文化痕迹)的存在,而公共艺术作为一个纽带让它们在现代社会得以和谐地存在。

（2）行政形象

这里包括政府行政形象、企业管理形象、高校教学形象、赛场体育精神等等符合场所管理者或施政者所倡导的场所精神的形象内容。因为"良好的公众形象能够使政府以较少的成本、较短的时间形成公众认同、支持和配合的社会氛围,从而提升政府执政能力"。政府急需通过"形象战略策划、公关活动策划、媒体传播策划三个方面提升政府的社会形象"[①],而公共艺术由于其"公共性"具有了公众平台,又由于其"艺术性"决定了其对公众的吸引力和感染力,天生具备了成为形象传播媒介的条件,如华盛顿国会大厦前的广场雕塑、南京中山路上的孙中山像、北京奥运村的水体景观艺术、哈佛大学校园的艺术字刻……都成为了最好的窗口,映射了施政者所倡导的精神光辉。

（3）科技化程度

一个社会的科技化程度决定着公共艺术的完成形式。中世纪的蛋彩画和密宗画促生了公共壁画艺术,工业革命以来的石材切割技术和金属加工工艺的完善使超大体量的公共雕塑成为可能,现代机械动力学原理和技术使现代动态艺术在拉法索带领的动态艺术组织(KAO)下开始走入公共空间,而电子业的长足发展使得各国的经济中心催生出了一条又一条数码世界现代街区(如有"广告艺术中心"之称的纽约时代广场)。科技化程度决定着公共艺术的手段,而公共艺术的科技手段应用又为科技蒙上了一层神秘而瑰丽的面纱,提供了一个彰显异彩的舞台。

（4）公众审美习惯与素质

公众审美习惯与素质决定着公共艺术的接受程度,也就是被欣赏程度。当代很多城市都面临着转型,在第二轮全球化浪潮的推动下,许多新异的公共艺术形式都成为许多城市的模仿对象,这就要求公共艺术的创作者或者其设计策划

---

① 张国涛.政府形象传播研究的创新之作——简评《政府形象传播》[J].南京社会科学,2013(3):156.

团队对城市的公众审美习惯与市民审美素质进行重新评估。

　　江苏省社科院哲学与文化研究所的吕方研究员还认为应至少包含五个方面:"社会公众文化需求""社会群体文化需求""文化遗产保护需求""社会发展文化需求""社会创新文化需求。"①事实上,只有对公共艺术形式进行有针对性的创作打造,公共艺术才能真正与公众对话,与社会母体建立一种彼此依赖的亲密关系,公共性才能得以体现,城市空间的审美意象才能借公共艺术的形式将艺术传播等职能属性真正地发挥出来。

5.4.2　社会场所的创意循环

　　创意循环始终遵循着这样的一个创意循环过程:城市的社会语境—文脉网络沟通—策略平台落实—受众群体对话与反馈—重新融入并丰富城市社会语境(图5.6)。社会母体与公共艺术共同完成了这样的一个动态循环。施政者、设计者、市民、交互途径等都成为了这个创意循环的一分子,并彼此担任着各自的角色。前三个环节往往是公共艺术落成环节,即:城市的社会语境取决于社会母体的特征属性,在设计策划团队对其重

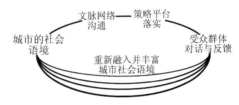

图5.6　社会场所的创意循环

新评估后,通过固有的网络沟通与受众建立关系,最终在策略平台得以落实。这三个环节的实施,使城市空间中的公共艺术完成了从动机到设计到建造。对于项目而言至此告一段落,而作为城市社会场所的创意循环,它却只进行了一半。政府通过测评,有选择地对公共文化艺术进行支持,促进平台的搭建与落成,成形的公共艺术走入市民的生活空间,以各自的艺术形式与受众发生对话。其中有导向,有碰撞,有接纳,有反馈,最终与市民达成一种意识上的融合平衡,这种平衡一旦扎根于城市中,就转而重新融入并丰富社会语境。随后,作为社会母体中发展后的城市社会语境,准备着新一轮的创意循环。下面,我们以位于美国纽约自由岛上的一个城市公共艺术——《自由女神像》为例,逐个分析其各要素的角色与特点。

　　(1)城市的社会语境与文脉网络沟通

　　《自由女神像》设计建造的城市语境是为庆祝美国独立战争100周年,法国送给美国的礼物。最初的动机只是法国资产阶级学者出于对共和国的向往,希望尽早结束君主立宪,于是共同筹资,委托雕塑家巴陶尔第(Bartholdi,Frederic

① 吕方. 我国公共文化服务需求导向转变研究[J]. 学海,2012(6):59.

Auguste)设计创作而成。巴陶尔第用了4年多的时间充分理解美国纽约的社会语境,并反复与美国和法国学者、政治活动家等文脉网络商讨与沟通,充分理解了当时、当地的社会语境,才于1969年前后开始着手创作。①

(2)策略平台落实

《自由女神像》的策略平台落实经历了两个部分:① 策略平台的创作落实。② 策略平台的建造落实。巴陶尔第基于对社会语境的充分领悟,经过反复调整,最终将造型锁定在德拉克洛瓦名画《自由引导人民》中戴着弗里吉亚无边便帽的年轻女性所表现的自由气质上。随后,又根据美国特有的社会语境,加入了诸多创作元素,如:希腊式的长裙下象征推翻殖民的断铁镣,左手抱着镌刻"1786.7.4"(美国独立日)的《自由宣言》,严峻而神圣的面庞上带着"七尖桂冠"——象征美国联邦共和精神与自由意志辐射到七大洲,右手高擎着以广博之爱照亮世界之火炬,等等。创作完成后,《自由女神像》在1876年的费城100周年纪念会展出,而在建造落成方面由于庞大的资金问题受到阻碍。政府与民众为了这个策略平台的落实着手推动工作,其中以普利策发动的募捐运动最有影响,他在《世界报》头版社论上撰文,号召美国公民为《自由女神像》基座进行募捐,1885年8月预计的募集经费收讫,开始动工建造。事后有专著评论:"以报纸为阵地,竟然奇迹般带动了一个民族的热情,国家和人民为信仰凝聚在一起……"②毋庸置疑,《自由女神像》是政府、市民、企业家、学者联合打造城市公共艺术策略平台的一个典范。

(3)受众群体对话与反馈

受众群体对话分为直接对话与间接对话。直接对话是受众直接与公共艺术发生情感交流,并产生一系列直观感受;间接对话则是受众群体通过新闻媒体、电视电影节目,以及他人口中得到的信息进行对话。后者的对话常常是不全面的,因而受众群体也往往会自发地通过前者进行对话矫正。受众在经历了对话之后产生的一系列反应,就是受众群体的反馈过程,它又分为积极反馈与消极反馈。一件公共艺术品即使在落成前获得了受众的支持,也并不代表在群体对话后没有消极反馈。《自由女神像》的前三个环节在当时无疑取得了很大的成功,绝大多数纽约市民,甚至美国公民都对这一公共艺术抱有好感或表示支持,但并不是说没少数派声音。在《自由女神像》落成后的几个月里,部分报纸、杂志陆续出现了一些社论,通过"自由意志"来质疑《自由女神像》存在的意义,甚至认为

---

① [美]Yasmin Sabina Kban. Enlightening the World: the Creation of the State of Liberty [M]. Cornell University Press in Ithaca and London, 2010:47-60.

② [美]Yasmin Sabina Kban. Enlightening the World: the Creation of the State of Liberty [M]. Cornell University Press in Ithaca and London, 2010:117-132.

"自由"并不能也不应该真正代表美国精神。在美国这样一个以基督教为主要信仰的国家,许多宗教徒认为夏娃和亚当以"自由意志"逃离伊甸园,代表着对"主"的背离——这也正是基督教中"原罪"的由来。因而他们认为,自由并不能高于一切,也不能代表美国精神,更不能成为美国的代表,一些极端的社论甚至认为《自由女神》就是夏娃的末世复活。自由岛管理处专门针对这些消极反馈,做出了反应和解释,并在宣传上也做了一些调整,而许多社会学者和市民也加入辩论的行列。在经过了一段时间的骚动之后,道理越辩越明,反对声慢慢沉寂了下去。任何一件公共艺术品都必然会经历这样一个质疑的过程,也就是新社会文化元的分娩过程。值得一提的是,受众群体对话与反馈过程是随着公共艺术品持续存在的,随着时间的推移、历史环境、社会心态的变化,这种对话和反馈会不断变化,产生不同的效果。

(4)重新融入并丰富社会语境

经过受众群体对话与反馈的公共艺术不但脱胎于原有的城市语境,还加入了自己特有的思想。《自由女神像》在经历了反馈后的分娩后,得到了越来越多的城市认同(甚至国家认同),最终成为一种象征符号融入社会母体的血液之中。在这样层出不穷的创意循环中,公共艺术作为社会母体的艺术品,不断印证着城市空间的发展,也成为我们解读城市、认识社会的途径。黑格尔说:"在艺术作品中,各民族留下了他们最丰富的见解和思想,美的艺术对于了解哲理和宗教往往是一个钥匙,而且对于许多民族来说,是唯一的钥匙。"[1]诚如是,在当今属于城市空间的公共艺术不仅仅是了解哲理和宗教的钥匙,同时也是地域文化的缩影,政策法规的导向者,城市文明的地方营销……更是一扇门,它的开开合合,标志着一次又一次的创意循环;它的迎来送往,如同城市的呼吸,不断新鲜着城市软组织的肺泡。也正是社会母体与创意循环的综合作用,决定了城市空间的审美生命周期思维模式。

5.4.3　公共艺术的生命周期思维

在社会母体与创意循环的综合作用下,城市空间形成了自己的审美生命周期,即:"推行—巩固—主流化并发挥功效—习惯"。我们把公共艺术在创作过程中对周期的全盘思考,称为公共艺术的"生命周期思维"。创作者或设计策划团队在打造任何一件公共艺术品时,就应该具备"生命周期思维",因为任何一种艺术系统必然在它的形成过程和传播的基本规律中得到考察,而公共艺术从出生起就由于其"公共性"的特殊身份不仅有"你—我—他"式的单线欣赏模式,还有

---

① ［德］黑格尔.美学[M].北京:商务印书馆,1997:10.

"你们—我们—他们"式的多线对话与讨论模式。

国际景观与城市园艺协会主席格鲁宁(Gert Groening)教授在柏林艺术大学建筑学院任教时曾提到:"建筑与景观设计必然是一个接受公众考验的行业,它与公众的关系是既冲突又彼此依存——因为所有的设计师都必须站在公众审美的前沿,但又需要说服他们举步同行,更要学会化解同行过程中各种各样的尴尬,当公众追随你的脚步来到你预计的目的地时,开始感觉到审美满足,此刻你才能得到职业满足。"因此设计师必须在创作之初就结合社会母体的语境与社会场所的创意循环的作用,小心运用设计技巧、传播环节等诸因素,从审美的物化、设计物的推广、发挥功效、接受并习惯等一系列内容下手凝练出切实可行的设计。不难发现在这种情况下,建筑师或景观设计师具备生命周期思维就显得尤为重要了,而城市空间中的公共艺术很多时候是以城市景观的身份而存在的,所以公共艺术的创作者或策划团队同样应该对"生命周期思维"给予足够的重视与关注。

生命周期思维还集中反映在艺术传播过程中。东南大学艺术学院王廷信教授认为,艺术传播对艺术创作的影响很大,尤其是现代传播期,艺术家的创作需要更多层面的协调,而公共艺术需要面对公众在更广的范围内发生作用,就不可能是脱离大众的个性化创作,也就不可避免地要从大众角度思考,尤其"需要从创作构思阶段起,就要想到作品的传播范围、传播方式和传播效果"①。艺术传播几乎发生并作用于公共艺术"生命周期思维"的所有环节,尤其在主流化并发挥功效环节所思考的问题更多。公共艺术的创作者对于艺术传播的考量,可分为"经传播"与"纬传播"两部分。"经传播"主要着眼于预计传播范围,如何做到有激增效果,与主题或政策的匹配程度,是否可能达到预想效果;"纬传播"则更多关注:社会母体的反应,大众可能做出的消极反馈,怎样在设计中尽量避免这些可能产生的消极反馈,作为新文化元素重新融入社会母体会否带来消极社会意识。只有当理念借由公共艺术代入到受众群体中得到肯定,最终形成一种习惯时,一个艺术生命周期才可以画上句号。

一个具有生命周期思维的创作者,应在设计前考虑各个环节,并拟定对策和修正案;在设计结束后,还应建立落成后公共艺术的发展评估表,根据结果与预估情况进行比对,进而对自己所具备的"生命周期思维"进行评估,不断丰富并完善这种思维,为以后的公共艺术设计和创作做好积累工作。

---

① 王廷信. 为何要研究艺术传播学[M]//艺术学界(第二辑).南京:江苏美术出版社,2009.

小结

　　随着科学发展的愈演愈烈,人类对材料、技术的掌控能力越来越强,公共艺术的视觉张力以及实施可行性大大增加。但是,公共艺术对社会母体的依赖要求,对创意循环规律的匹配要求,仍然是不离不弃、如影随形的。正如著名历史评论家、艺术评论家丹纳所认为的,艺术发展规律下,一切供人们欣赏的艺术都取决于"三种原始力量"——"种族""环境""时代","而作品的产生取决于时代精神和周围的风格"①。公共艺术基于"公共性"的特别属性,承载着城市空间艺术传播者的角色,更应始终保有这种审美生命周期思维,并通过这种方式更有效、更和谐地将新的理念融入城市语境中,将人类富含创造力的新养分对社会母体"反哺",社会母体也正是在这样一轮又一轮的创意循环中得以进步、发展。

---

① ［法］丹纳. 艺术哲学［M］. 傅雷,译. 人民文学出版社,1963:32.

结　　语

　　本书在经过了中西方园林景观艺术的缘起、发展、融合、动衡、交串一连串的历程之后,也已经进入尾声。本书作为一篇探索性的专著,以及对从前中西园林艺术比较研究的理论补充,力图做到在园林艺术和艺术学之间架起一座沟通的桥梁。谋篇布局上,本书以宏观的一般艺术学眼光,审视中西方园林景观艺术的差异根源与成因,通过"由艺术带向艺术"的研究模式,把中西方园林景观艺术的差异层层剥茧。

艺术学视阈下的中西方比较与"阴影补偿"下影的叠加与融合

　　一般艺术学确立的标志是从原德国柏林艺术大学教授 Max Dessoir 在自己 1906 出版的著作 *Ästhetik und Allgemeine Kunstwissenschaft*（英译为 *Aesthetics and Theory of Arts*, Detroit Press, 1970,中译为《美学与一般艺术学》）开始的,该书的出版也被认为是世界上艺术学真正诞生的标志。事实上,早在 1897 年格罗塞（Ernst Grosse）就在自己的书中指出了一般艺术学所具备的目的和意义:"即使在事物的规律法则并没有充分显现出来的时候,仍然能够确信并从中抓住艺术发展过程中的法则。"①

　　笔者站在一般艺术学的角度,先后分析了意识源流、艺术观念,与门类艺术的融通、艺术批评对中西方园林景观艺术各自的作用,以及中西方园林景观艺术历史上两次重要的融合,并借助实地考察和相关史料依据,将历史上的中西方园林景观艺术之比较研究的来龙去脉进行了一次梳理,根据所能得到的现有材料在中西方之间、艺术与园林艺术之间,进行了一次规律性的探索和大胆的串联。

　　（1）溶解在历史遗存中的"生命的意味"与"艺术知觉"

　　苏珊·朗格曾经为艺术的本质引入了一个很有趣的概念——"生命的意味",并阐述如下:"任何一件成功的艺术品也都像一个高级生命体一样,具有生命特有的情感、情绪、感受、意识等等;那为什么我们又要称它为'意味'呢？这主

---

　　① 笔者译,原文为:"Wir sind und bleiben von der durchgängigen Gesetzmässigkeit der Dinge überzeugt, auch wenn sie sich nicht durchgängig aufzeigen lässt."Ernst Grosse. Die Anfnge Der Kunst [M]. BiblioBazaar, LLC, 2009:8.

要是因为这种意味是通过像生命体一样的形式'传达'出来的……"①用本书的话讲,所谓的"生命的意味",其实就是"阳光"透过"云团"最先透射出来的"阴影"。"它要么是被直接从艺术符号中把握到,要么是根本就把握不到,而发现或把握这种'生命的意味'的能力,就是我所说的'艺术知觉',这是一种洞察力或顿悟能力。"②其中"艺术知觉"是获取和把握"生命的意义"的重要线索,也是在园林艺术创作时可以融入的和游赏园林时能够感受到的关键一环。

那么苏珊·朗格所谓的"艺术知觉"究竟从何而来? 表现在园林中又是怎样的? 最终对中西方园林景观艺术的差异起到了什么影响呢? 笔者认为,仅仅从"艺术知觉"这样一个模糊的概念来诠释中西方园林景观艺术有些过于笼统,也很难圆满地解释在中西方园林成因上的差异,但毫无疑问,以此作为一条线索深入地探讨下去,尤其是研究园林艺术的意识源流的影响是不无裨益的。于是,文章在苏珊·朗格提出的"艺术知觉"基础上,将艺术差异深化为感知差异和情感差异,并由此入手,而推导出因其形成的艺术想象差异和艺术理想差异,先后包括感知方面的中西方的内外向之辩、情感方面情感的形成与宣泄、通过中西方绘画引入的艺术想象差异以及关于"和谐"侧重点的艺术理想差异。这些特点是中西方两大园林体系中各自共有的初级特征,也是潜伏在园林创作中一种历史的意识遗存。他们扮演着相对稳定的"基色"作用,融合在园林艺术最初的审美意识之中。由于基色的不同,即便在当代的园林艺术中仍然潜移默化地流露出这些历史的遗存,于是在"阴影补偿理论中"将它概括为集团化的"云层"——云团,掌握了云团的特性,就得到了理解中西方风格迥异的园林体系的基本思路。

(2)发展中的艺术观念的呈现与融化

艺术观念是随着岁月的流转不断添加的调味剂,是一朵不那么稳定的云层。它们往往在特殊的历史环境下诞生,有时甚至骤生骤灭。但是无论是曾经存在过的或者仍然存在的它们,往往都在园林中投下了相关的影子,从世界观到民俗、到神话、到园林艺术中择取的那些点点滴滴的智慧,无不在静静地诉说着这些岁月长河中出现过的艺术观念。了解了它们,也就了解了园林中出现的元素,于是这些元素就又转而变成线索,让我们循着它摸索出这些艺术观念究竟如何在园林艺术之中慢慢融化,进而把中西方园林景观艺术的差异化成因读懂读深。

(3)艺术"公用"的精神

正如文章中提到的,门类艺术与中西方园林景观艺术各自的融合与影响,是另一朵投下重要阴影的云层。在门类艺术与园林艺术中,涉及"公用"或者"共享"的精神。关于公用的精神,罗丹曾在与保罗·葛赛尔(Paul Gsell)的对话录

---

① [美]苏珊·朗格 艺术问题[M]. 滕守尧,朱疆源,译. 北京:中国社会科学出版社,1983:56-57.
② [美]苏珊·朗格 艺术问题[M]. 滕守尧,朱疆源,译. 北京:中国社会科学出版社,1983:57.

中说过类似的观点,他说:

绘画、雕塑、文学、音乐,他们之间彼此关系的亲密程度比人们普遍设想的更加接近。它们都以最自然的方式表现着人类自身灵魂的感受,只不过表现的方式方法各不相同罢了……①请看那些即成的艺术的杰作珍品吧!它们所有的美丽,无不来自于精神思想,以及来自作者所信仰的在宇宙中顿悟的意图。②

无独有偶,我国国内兴起的一般艺术学也对门类艺术间的这种融通关系明确提出了"打通"研究的学术要求。虽然学术研究整体仍然处于探索性的初级阶段,却是站在众多艺术实践家和艺术理论家共识的基础上,这是在艺术史上具有历史意义的战略脚步。

由于视觉艺术之间的融通研究已经非常丰富,如绘画与园林艺术之间的联系已经几乎达成业界的共识,而听觉艺术与园林艺术之间的融通性研究还很不够,视听艺术的隔阂羁绊仍然没有被打破,于是本书选择了音乐与园林艺术之间的关系研究。虽然视觉艺术和听觉艺术的接受途径各不相同,笔者却在研究过程中发现了彼此融通的部分线索和证据,并从两者间"公用"的艺术精神中,求证出从中西方音乐折射出中西方园林景观艺术之间惊人的相似差异,进而在一定雕塑程度上拓展了中西方园林景观艺术的比较研究。

(4)批评与实践的制衡与圆融

艺术批评与艺术实践向来存在着一种微妙的制衡关系,这种对立统一的动态关系,也是各类云层中最不易把握的一类。中西方截然不同的艺术批评模式,各自以其特有的圆融,对园林的艺术实践进行着不同影响。以诗歌文学为主导的东方园林艺术批评,无论是对营造上的选地构造、草木栽培、水石经营,还是对意境上的谐合变幻、意境导引都提出了具体的要求,虽然相对零散,却能够做到面面俱到,赋予园林艺术以深刻的灵魂。而西方艺术批评体系,在经历了以美学为依托的艺术批评之后,也终于独立出来,建立了以设计师行会、业内刊物为主导的西方艺术批评体系;结构上虽然略显刻板,但相对于前者确实更加系统,并建立了具体的体系规范和模型,也是现在国际上公用的批评体系。于是,融汇了这些批评理论的中西方园林艺术,循着各自的脉络特点,也显示出了异彩纷呈的状态。

此外,在未来园林艺术中,本书通过探讨彼此的伦理关系,提倡艺术批评应

---

① 笔者译,原文为:"Paininting, sculpture, literature, music are closer to one another than is generally believed. They express all the feeling of the human soul in the presence of nature. Only the means of expressing them vary."Auguste Rodin, Paul Gsell. Art: conversations with Paul Gsell[M]. Issue 26 of Quantum books. University of California Press, 1984:70.

② 笔者译,原文为:"Look at the masterpieces of art. all their beauty comes from the thought, the purpose that their author believed they divined in the Universe."Auguste Rodin, Paul Gsell. Art: conversations with Paul Gsell[M]. Issue 26 of Quantum books. University of California Press, 1984:76.

该在"结果论"和"义务论"折中的状态下,不断打磨园林艺术的灵魂;同时,园林艺术又能有意识地关注艺术批评,从中汲取养分。两者保持积极有效的互动,同时维持相对稳定的动态制衡。

(5) 云层的碰撞、流转与吸收

云层的流动性,必然导致彼此相遇的可能性,它们可能是良性的吸收,也可能是恶性的碰撞。无论怎样,在流转过程中对彼此的择取决定了最终的结果,而择取的原因就在于彼此的差异。正如在柏拉图的《大希庇阿斯篇》中,苏格拉底和希庇阿斯争论的核心就是"什么是美的"——且不论孰是孰非,从根本上讲就是因为认识的不同而导致论点的差异,并在对话中不断彼此打磨,进而越来越明晰自己的定位。所以通过了解彼此的差异,以及在历史上交流过程中的"误区"与"不完全流动",有利于更加深刻地认识中西方园林景观艺术的差异化根由,并且尽可能避免在发展和交流过程中的弯路,最终有的放矢,为当前"城市大园林"的发展际遇和未来的中西方园林景观艺术彼此借鉴和风格启迪,创造出更为优越的铺垫。

至此,本书已近尾声,由于时间的局限,本书难免还有许多漏洞和不足之处,鲁莽展卷述之,若能献助于同道或一新耳目、有所启迪,则愿已足。最后,就让我们以格罗塞的《艺术起源(Die Anfänge Der Kunst)》书中的一段话作为本篇的结束:

艺术科学是支配和掌握艺术生命和发展的法则知识,但是这一目的虽然可以努力趋近却永远无法达到。因为我们无法苛求可以把此领域内的任何现象都详细地阐明,正如植物学家不能把植物的所有形态无一遗漏地完全概括一样,一个艺术理论家当然也不能把每件艺术品为何这样而不是那样一一涵盖。这并不是因为它们是虚幻的或者杜撰的,而是因为这些规律的每一个细节在任何空间中又都是规律地变化着……而能够做到在共性的事情上,揭示出现象的关联和规律,就已经完全承担了应尽的责任了。①

---

① 笔者译,原文为:"Erkenntniss der Gesetze. wclche das Leben und die Entwicklung der Kunst beherrschen, Allein auch dieses Yiel, dem die Kunstwissenschaft zustreben muss, ist nur ein Ideal, das sie niemals ganz erreichen kann. Wenn man verlangen sollte, dass sie irgend eine Erscheninung ihres Gebietes in allen Einzelheiten bis auf den Grund erkläre, so stellt man an sie eine Forderung, welche keine wissenschaft zu srfüllen vermag. Wie es für den Botaniker unmöglich ist, die besondere Gestaltung irgend einer einyelnen Pflanze Punkt für Punkt auf ihre Ursachen zurüchyuführen, ebenso unmoglich ist es fur den Kunstforscher nachzuweisen, warum ein Kunstwerk bis in seine feinsten Züge grade so und nicht anders geworden ist. Nicht etwa weil die Einyelheiten das Spiel einer unfassbaren Willkür waren; sondern weil unsere Fassungskraft nicht ausreicht für die Fulle der gesetzmässig wirkenden Factoren, welche in jedem einzelnen das Spiel Falle unendlich ist. Wir können keinem Dinge auf den Grund kommen, weil kein Ding einen Grund hat. Die wissenschaft muss sich damit begnügen, die Gesetzmässigkeit der Erscheinungen in ihren allgemeinen Zügen nachzuweisen; aber sie kann sich auch damit begnügen."Ernst Grosse. Die Anfänge Der Kunst [M]. BiblioBazaar, LLC, 2009:7-8.

余篇:作为艺术之园林艺术与作为艺术融合舞台之园林艺术

及至本书结束,仍然有一些不得不说的话,虽然这些话与中西方园林景观艺术的比较研究的关系不那么密切,但于园林艺术而言却又非常重要,于是不忍弃之,权作余篇置于文末。

园林艺术除了作为艺术的一种形式,它还扮演着作为各艺术融合的舞台的角色。在这一点,园林艺术在过去、现在以及未来都有着举足轻重的意义。我们不妨根据材料和载体的不同,将所有出现过的艺术进行分类,可以发现基本上不外乎如下六个层次:

第一层次(NMS-Level):无材料阶段(No Material and Stuff),可以依靠的媒介只有人类自身的肢体、动作、发音。所以这一阶段可以产生的艺术门类有:即兴音乐、即兴舞蹈、展示肢体美的体态艺术,展示雄性或雌性魅力的行为(如搏杀等)等。

第二层次(LCHPR-Level):线条生成器、颜色、图像记录材料(Line, Colour, Hue and Pattern Recorder)。"线条生成器"是包括从远古时期的炭块、片岩到后来的画笔等一系列能够生成线条的工具;"颜色"就是一切使画面丰富,可以产生不同色效的介质;"图像记录材料"指用于承载图案的材料媒介,包括从最初的岩画的岩壁、兽皮,到后来中国传统绘画的宣纸与绢、西方传统油画的画布、陶瓷板画的陶板和瓷板等一系列的记录材料和工具。这一阶段有了各类绘画的产生,同时使第一阶段的抽象表达成为可能(如通过抽象化的"曲谱"记录,完成对即兴音乐的记录)。

第三层次(SSB-Level):造型生成器(Shape and Size Builder)。"造型生成器"是包括打磨工具、穿凿工具、切割工具、黏合工具等一系列可以对自然或非自然实物进行造型加工的工具门类,包括从旧石器时代的"燧石"到近代工业社会的车、铣、磨、铸工具,再到现代的玻璃、石英、钢材等材料深度加工的技术。在这一层次根据技术的演进相继为诞生建筑、珠宝设计、雕塑、产品设计、琉璃工艺、景观艺术等艺术门类提供可能。

第四层次(IBR-Level):光媒存取器(Image Builder and Recorder)。"光媒存取器"是应用光学技术理论制作的可以生成和储存视觉元素的工具和设备,包括照相机、摄像机等。

第五层次(SVBR-Level):声媒存取器(Sound & Voice Builder and Recorder)。"声媒存取器"是通过声学技术制作的可以生成和储存听觉元素的工具和设备,包括唱片、录音机等。

第六层次(MSMT-Level):混合感官技术(Mix-Sense Media Technology)。"混合感官技术"是指实现混合各种感官的技术,包括从最早的以仅人为现场指导"歌舞同台"的指挥技术、宫廷厨师做出"色香俱佳"的烹饪工具与技术、园林艺术中花卉培植技术帮助下的"香"等与建筑技术结合出秀丽景色的"视",到后来衍生出来的歌剧混唱、电影以及诸类多媒体数码技术。

这六个层次在发展过程中没有严格的时间段上的区隔,甚至彼此之间也有交错,但是却是艺术进行曲中抓住了物质本质——材料的划分。图6.1可以帮助我们更好地理解这六个层次:

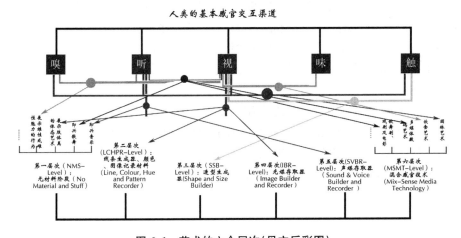

图6.1 艺术的六个层次(见文后彩图)

此图可大略分为三部分,上半部分是人类的基本感官交互渠道,也就是我们所熟知的"五感":视、听、触、味、嗅。人类所有接受艺术的输入渠道都依赖于此;下半部分是我们前面分析的艺术依据材料载体而划分的六个层次;中间部分则是上半部分和下半部分的配属、包含关系。其中蓝色枢纽、绿色枢纽、黄色枢纽、青色纽带、粉色枢纽分别代表"视、听感官联动""视、味感官联动""视、触感官联动""视、听、味感官联动""视、听、触、嗅感官联动",同样颜色的箭头代表在这些感官联动配属下相关的艺术表述层次。我们不难发现,被称为艺术的发展层面的绝大多数都是围绕"视"与"听"展开的,而随着材料、工具的专项性、技术性发展,越来越局限于某一种感官。相反在第一层次(NMS-Level)的"无材料阶段"和第六层次(MSMT-Level)的"混合感官技术"才出现了大量的感官联动情况:如第一层次的"即兴歌舞"是"视、听感官联动"的表现,展示"性别之美行为"是体味、动作、叫声的"视、听、嗅感官联动";而园林艺术就恰恰处于第六层次,以混合感官的愉悦为目的——园林艺术中融入花香、鸟叫、水清、石冷、风吹等园景的

"视、听、嗅、触感官联动",以及由这些基本感官交互衍生出的诸类心理感受。

园林艺术作为艺术的一个门类,不同于绝大多数以单一视觉或听觉为中心的艺术形式,不仅相得益彰地将二者综合,而且更多地将触、味、嗅以辅助角色介入到艺术表达之中;并没有因为叙述过程中的过分对单项感官加以强化,而下意识地摒弃了其他感官的表述机会(如绘画、音乐、雕塑等)。相反,园林艺术积极地将这一切艺术形式纳入自己的怀抱,最大限度地使感官联动的触发成为可能,在作为艺术的同时也作为展示各类艺术的舞台和载体而存在,如绘画、雕塑、花艺、建筑、诗歌……这些其他的艺术形式无不在园林艺术的舞台上相得益彰地和谐存在着,且尽情地展示着自己独有的艺术魅力。也恰恰由于这个原因,无论是在对中西方传统园林艺术的比较赏析、旧园修整复原,还是在中西园林艺术交流中对彼此的解读、创作中的彼此借鉴,都不能将园林艺术割裂开来,"头痛医头"式地进行单一研究;而要理清园林的艺术脉络,处理好园林艺术与其中各类艺术的关系,以宏观综合的眼光、联系的哲学观点,以及小处着手、细微观察的严谨态度,走入这"心境的栖园"。

正如本书中提到的:"艺术之光耀眼地投射在五颜六色的彩云上,您看地面上那些斑斓的影啊,它们因为彼此叠加融汇而显得变幻莫测,形成了园林艺术的种种美轮美奂——无论是曾经出现过的,还是未来将要形成的,把握这一切的变化与差异,都从那层层浮动的彩云开始……"

参考文献

（一）艺术学与美学综述及相关人文社科类

[1] 宗白华.天光云影（美学散步丛书）[M].北京:北京大学出版社,2005.

[2] 朱光潜.无言之美（美学散步丛书）[M].北京:北京大学出版社,2005.

[3] 朱光潜.西方美学史[M].北京:商务印书馆,2006.

[4] 黑格尔.美学（第一卷）[M].朱光潜,译.北京:商务印书馆,1995.

[5] 凌继尧.西方美学史[M].北京:北京大学出版社,2006.

[6] [法]米盖尔·杜夫海纳.美学文艺方法学[M].朱立元,程未介,译.北京:中国文联出版公司,1992.

[7] 丁枫.西方审美观源流[M].沈阳:辽宁人民出版社,1992.

[8] 李一.中国古代美术批评史纲[M].哈尔滨:黑龙江美术出版社,2000.

[9] [美]JP蒂洛.伦理学理论与实践[M].孟庆时,等,译.北京:北京大学出版社,1985.

[10] 陈少锋.伦理学的意绪[M].北京:中国人民大学出版社,2000.

[11] 叶朗.中国美学史大纲[M].上海:上海人民出版社,2007.

[12] 王柯平.美之旅[M].南京:南京出版社,2006.

[13] 陶思炎.应用民俗学[M].南京:江苏教育出版社,2001.

[14] 张岂之.中国传统文化[M].北京:高等教育出版社,2001.

[15] 何兆武.中西文化交流史论[M].武汉:湖北人民出版社,2007.

[16] 周之骐.中国美术简史[M].西宁:青海人民出版社,1985.

[17] 陈炎,王小舒.中国审美文化史:元明清卷（第4卷）[M].济南:山东画报出版社,2000.

[18] 中央美术学院美术史系中国美术史教研室.中国美术简史[M].北京:高等教育出版社,1990.

[19] 陈望衡.艺术创作美学[M].武汉:武汉大学出版社,2007.

[20] [英]崔瑞德.剑桥中国隋唐史[M].北京:中国社会科学出版社,1990.

[21] [美]麦克法夸尔,费正清.剑桥中华人民共和国史:中国革命内部的革命1966-1982[M].北京:中国社会科学出版社,1992.

[22] [德]海德格尔.海德格尔存在哲学[M].孙周兴,等,译.北京:九州出版社,

2004.

[23] 马克思,恩格斯. 马克思恩格斯选集:第二卷[M]. 2版. 中共中央马克思恩格斯列宁斯大林著作编译局,译. 北京:人民出版社,1995.

[24] [美]苏珊·朗格. 艺术问题[M]. 滕守尧,朱疆源,译. 北京:中国社会科学出版社,1983.

[25] Carol Strickland, John Boswell. The Annotated Mona Lisa: A Crash Course in Art History from Prehistoric to Post-modern[M]. Kansas: Andrews and McMeel, 2007.

[26] Uwe Meixner, Albert Newen. Antike Philosophie mit einem Schwerpunkt zum Meisterargument[M]. Paderborn: Mentis Press, 1999.

[27] John Hospers. Artistic Expression[M]. New York: Appleton-Century-Crofts, 1971.

[28] Donald Preziosi. The Art of Art History: A Critical Anthology[M]. Oxford: Oxford University Press, 1998.

[29] Robert S Nelson, Richard Shiff. Critical Terms for Art History[M]. Chicago: University of Chicago Press, 2003.

[30] Michael Herzfeld. Anthropology: Theoretical Practice in Culture and Society[M]. Houston: Blackwell Publishing, 2001.

[31] Lawrence Gowing. A History of Art, Holt[M]// A Biographical Dictionary of Artists. Upper Saddle River: Prentice-Hall, 1983.

[32] Frederick Burwick, Walter Pape. Aesthetic Illusion: Theoretical and Historical Approaches[M]. New York: Walter de Gruyter, 1990.

[33] Allen Carlson. Aesthetics and the Environment: the Appreciation of Nature, Art and Architecture[M]. London: Routledge, 2000.

[34] Aldrete Gregory S. Daily Life in the Roman City: Rome, Pompeii and Ostia[M]. Westport: Greenwood Publishing Group, 2004.

[35] Meike Aissen-Crewett. Plato's, Theorie der Bildenden Kunst[M]. Potsdam: Univ. Bibliothek, Publikationsstelle, 2000.

[36] Kathleen Freeman. Ancilla to the pre-Socratic Philosophers: A Complete Translation of the Fragments in Diels, Fragmente der Vorsokratiker[M]. Cambridge: Harvard University Press, 1983.

[37] Leucippus Democritus, Christopher Charles Whiston Taylor. The Atomists, Leucippus and Democritus: Fragments: A Text and Translation with a Commentary[M]. Toronto: University of Toronto Press, 1999.

[38] Encyclopaedia Britannica：A New Survey of Universal Knowledge(Vol. II) [M]．London：Encyclopaedia Britannica Inc，1963.

[39] Ernst Grosse. Die Anfange Der Kunst［M］. Charleston：BiblioBazaar，2009.

（二）建筑、景观与园林类

[40]［明］计成. 园冶图说[M]. 赵农，注释. 济南:山东画报出版社,2005.

[41] 陈植. 园冶注释[M]. 2 版. 北京:中国建筑工业出版社,1988.

[42]［明］午荣. 鲁班经[M]. 张庆澜，罗玉平，译注. 重庆:重庆出版社,2007.

[43]［明］文震亨. 长物志·卷三水石[M]. 汪有源,胡天寿,译. 重庆:重庆出版社,2008.

[44] 梁思成. 凝动的音乐[M]. 天津:百花文艺出版社,2006.

[45] 陈从周. 梓翁说园[M]. 北京:北京出版社,2004.

[46]［清］李渔. 闲情偶记[M]. 上海:上海古籍出版社,2001.

[47]［清］吴其濬. 植物名实图考. 第三十三卷:木类[M]. 北京:商务印书馆,1956.

[48] 陈从周. 扬州园林(汉日对照)[M]. 上海:同济大学出版社,2007.

[49] 陈从周. 看园林的眼[M]. 长沙:湖南文艺出版社,2007.

[50] 童寯. 造园史纲[M]. 北京:中国建筑工业出版社,1983.

[51] 童寯. 园论[M]. 天津:百花文艺出版社,2006.

[52] 周武忠. 心境的栖园——中国园林文化[M]. 济南:济南出版社,2004.

[53] 周武忠. 园林美学[M]. 北京:中国农业出版社,1996.

[54] 周武忠. 城市园林艺术[M]. 南京:东南大学出版社,2000.

[55] 周维权. 园林·风景·建筑[M]. 天津:百花文艺出版社,2006.

[56] 周维权. 中国古典园林史[M]. 北京:清华大学出版社,1999.

[57] 程绪珂. 上海园林志[M]. 上海:上海社会科学院出版社,2000.

[58] 吴家骅. 环境设计史纲[M]. 重庆:重庆大学出版社,2002.

[59] 张晓峰. 乡村园林[M]. 重庆:重庆出版社,2006.

[60] 孙小力. 吴地园林文化[M]. 南京:南京大学出版社,1997.

[61] 李浩. 唐代园林别业考录[M]. 上海:上海古籍出版社,2005.

[62] 赵春林. 园林美学概论[M]. 北京:中国建筑工业出版社,1992.

[63] 杨滨章. 外国园林史[M]. 哈尔滨:东北林业大学出版社,2003.

[64] 居阅时. 弦外之音:中国建筑园林文化象征[M]. 成都:四川人民出版社,2005.

[65] 佩内洛佩·霍布豪斯. 意大利园林[M]. 于晓楠,译. 北京:中国建筑工业出版社,2004.

[66] 程里尧. 文人园林建筑:意境山水庭园院[M]. 北京:中国建筑工业出版社,1993.

[67] 甘伟林. 文化使节:中国园林在海外[M]. 北京:中国建筑工业出版社,2000.

[68] 刘晓惠. 文心画境:中国古典园林景观构成要素分析[M]. 北京:中国建筑工业出版社,2002.

[69] 许金生. 日本园林与中国文化[M]. 上海:上海人民出版社,2007.

[70] 王毅. 翳然林水:棲心中国园林之境[M]. 北京:北京大学出版社,2006.

[71] 刘敦桢. 苏州古典园林[M]. 北京:中国建筑工业出版社,2005.

[72] 芭芭拉·塞加利. 西班牙与葡萄牙园林[M]. 张育楠,张海澄,译. 北京:中国建筑工业出版社,2003.

[73] JO 西蒙兹. 21 世纪园林城市:创造宜居的城市环境[M]. 沈阳:辽宁科学技术出版社,2005.

[74] 曾宇. 巴蜀园林艺术[M]. 天津:天津大学出版社,2000.

[75] 王其钧. 北京皇家园林[M]. 北京:中国建筑工业出版社,2006.

[76] 杜顺宝. 中国的园林[M]. 北京:人民出版社,1990.

[77] 刘先觉,潘谷西. 江南园林图录:庭院·景观建筑[M]. 南京:东南大学出版社,2007.

[78] 王受之. 骨子里的中国情结[M]. 哈尔滨:黑龙江美术出版社,2001.

[79] 查尔斯·奎斯特·里特森. 德国园林[M]. 北京:中国建筑工业出版社,2003.

[80] 吴肇钊. 夺天工:中国园林理论、艺术、营造文集[M]. 北京:中国建筑工业出版社,1992.

[81] 刘庭风. 广州园林[M]. 上海:同济大学出版社,2003.

[82] 朱铭. 壶中天地:道与园林[M]. 济南:山东美术出版社,1998.

[83] 朱建宁. 户外的厅堂:意大利传统园林艺术[M]. 昆明:云南大学出版社,1999.

[84] 朱建宁. 情感的自然:英国传统园林艺术[M]. 昆明:云南大学出版社,2003.

[85] 童寯. 江南园林志[M]. 北京:中国建筑工业出版社,1984.

[86] 艾定增. 景观园林新论[M]. 北京:中国建筑工业出版社,1995.

[87] 曹林娣. 静读园林[M]. 北京:北京大学出版社,2005.

[88] 李砚祖. 环境艺术设计[M]. 北京:中国人民大学出版社,2005.

[89] 王向荣. 理性的浪漫:德国传统园林艺术[M]. 昆明:云南大学出版社,1999.

［90］何平.凝固的乐章:欧洲古典园林建筑和它的故事［M］.武昌:湖北美术出版社,2002.

［91］芭芭拉·阿布斯.荷兰与比利时园林［M］.北京:中国建筑工业出版社,2003.

［92］布鲁诺·塞维.建筑空间论［M］.北京:中国建筑工业出版社,2006.

［93］吴良镛.人居环境科学导论［M］.北京:中国建筑工业出版社,2001.

［94］鲍世行.跨世纪规划师的思考［M］.北京:中国建筑工业出版社,1990.

［95］楼庆西.中国园林［M］.北京:五洲传播出版社,2003.

［96］王振复.建筑美学笔记［M］.天津:百花文艺出版社,2005.

［97］王振复.中华建筑的文化历程:东方独特的大地文化［M］.上海:上海人民出版社,1999.

［98］薛顺生,娄承浩.老上海花园洋房［M］.上海:同济大学出版社,2002.

［99］杨嘉祐.上海老房子的故事［M］.上海:上海人民出版社,2006.

［100］職業能力開発総合大学校能力開発研究センター.造園概論とその手法［M］.東京都:職業訓練教材研究会,1998.

［101］湯淺泰雄.密儀と修行:仏教の密儀性とその深層［M］.東京都:春秋社,1989.

［102］William Chambers. A Dissertation on Oriental Gardening［M］. Sydney:Griffin Press,1772.

［103］Mara Miller. The Garden as an Art［M］. Albany:State University of New York Press,1993.

［104］John Dixon Hunt, Peter Willis. The Genius of the Place:The English Landscape Garden,1620-1820［M］. Cambridge:MIT Press,1988.

［105］Elisabeth B MacDougall. Fountains, Statues, and Flowers:Studies in Italian Gardens of the Sixteenth and Seventeenth Centuries［M］. Washington, DC:Dumbarton Oaks,1994.

［106］John Arthur. Spirit of Place:Contemporary Landscape Painting & the American Tradition［M］. New York:Bulfinch Press,1989.

［107］Ivar Holm. Ideas and Beliefs in Architecture and Industrial Design:How Attitudes, Orientations, and Underlying Assumptions Shape the Built Environment［M］. Oslo:Oslo school of Architecture and Design,2006.

［108］Ossian Cole Simonds, Robert E Grese. Landscape-Gardening［M］. Amherst:University of Massachusetts Press,2000.

［109］Joachim Wolschke-Bulmahn. Places of Commemoration:Search for Identity and Landscape Design[M]. Washington, DC: Dumbarton Oaks, 2001.

[110] David Watki. The English Vision: The Picturesque in Architecture, Landscape, and Garden Design[M]. New York: Harper & Row, 1982.

[111] Zentrum für Ostasienwissenschaften. Institut für Kunstgeschichte Ostasiens. Die Kunstgeschichte Ostasiens im Deutshprachingem Raum[M]. Heidelberg: Ruprecht-Karls Universitäte Heidelberg, 2007.

[112] Charles W Harris, Nicholas T Dines, Kyle D Brown. Time-saver Standards for Landscape Architecture: Design and Construction Data[M]. New York: McGraw-Hill, 1998.

[113] Jack E Ingels. Landscaping: Principles and Practices[M]. New York: Thomson Delmar Learning, 2003.

[114] Julia S Berrall. The Garden: An Illustrated History[M]. New York: Viking Press, 1966.

[115] Condé Nast Publications, Ltd. House and garden[J]. 1994, 33(2)- 34 (4).

[116] Filippo Pizzoni. The Garden: A History in Landscape and Art[M]. New York: Rizzoli International, 1999.

[117] Celia Thaxter, Tasha Tudor. An Island Garden[M]. Houghton: Houghton Mifflin Books, 2002.

[118] Nigel Dunnett, Andy Clayden. Rain Gardens: Managing Water Sustainably in the Garden and Designed Landscape[M]. Grantham: Timber Press, 2007.

[119] Georges Lévêque, Marie-Françoise Valéry. French Garden Style[M]. London: Frances Lincoln Ltd, 1995.

[120] Allan Braham. The Architecture of the French Enlightenment[M]. Oakland: University of California Press, 1980.

[121] Charles Landry. The Creative City: A Toolkit for Urban Innovators [M]. London: Earthscan, 2000.

(三) 比较论著类

[122] 奚传绩. 中外美术史大事对照年表[M]. 南京:江苏美术出版社,1988.

[123] 刘天华. 凝固的旋律:中西建筑艺术比较[M]. 上海:上海古籍出版社, 2005.

[124] 曾繁仁. 中西交流对话中的审美与艺术教育[M]. 济南:山东大学出版社,
2003.

[125] 刘小枫. 拯救与逍遥:中西方诗人对世界的不同态度[M]. 上海:上海人民
出版社,1988.

[126] 孔新苗,张萍. 中西美术比较[M]. 济南:山东画报出版社,2002.

[127] 徐行言. 中西文化比较[M]. 北京:北京大学出版社,2004.

[128] 魏明德. 天心与人心:中西艺术体验与诠释[M]. 北京:商务印书馆,2002.

[129] 王蔚. 不同自然观下的建筑场所艺术:中西传统建筑文化比较[M]. 天津:
天津大学出版社,2004.

[130] 聂振斌. 艺术化生存:中西审美文化比较[M]. 成都:四川人民出版社,
1997.

[131] 甄巍. 油彩与水墨:中西绘画艺术比较[M]. 北京:中国纺织出版社,2002.

[132] 湖北省美学学会. 中西美学艺术比较[M]. 武汉:湖北人民出版社,1986.

[133] 刘文潭. 中西美学与艺术评论[M]. 台北:文物供应社,1983.

[134] 赖干坚. 中国现当代文论与外国诗学[M]. 厦门:厦门大学出版社,2002.

[135] 余虹. 中国文论与西方诗学[M]. 北京:三联书店,1999.

[136] 杨乃乔. 悖立与整合:东方儒道诗学与西方诗学的本体论、语言论比较[M].
北京:文化艺术出版社,1998.

[137] 肖鹰. 中西艺术导论[M]. 北京:北京大学出版社,2005.

[138] 冯晓. 中西艺术的文化精神[M]. 上海:上海书画出版社,1993.

[139] 张育英. 中西宗教与艺术[M]. 南京:南京大学出版社,2003.

[140] 洪惠镇. 中西绘画比较[M]. 石家庄:河北美术出版社,2000.

[141] 王娟. 神话与中西建筑文化差异[M]. 北京:中国电力出版社,2007.

[142] 李强. 中外剧诗比较通论[M]. 北京:中国社会科学出版社,2006.

[143] 王淼洋,范明生. 东西方哲学比较研究[M]. 上海:上海教育出版社,1994.

[144] 狄兆俊. 中英比较诗学[M]. 上海:上海外语教育出版社,1992.

[145] V I Braginskii. The Comparative Study of Traditional Asian Literatures:
From Reflective Traditionalism to Neo-Traditionalism[M]. London:
Routledge, 2001.

[146] Jed Jackson. Art:A Comparative Study[M]. Dubuque:Kendall/Hunt
Publishing Company, 1999.

[147] Peter Weibel. Beyond Art:A Third Culture:A Comparative Study in
Cultures, Art, and Science in 20th Century Austria and Hungary[M].
New York:Springer, 2005.

[148] Roger Manvell. Theater and Film：A Comparative Study of the Two Forms of Dramatic Art，and of the Problems of Adaptation of Stage Plays into Films［M］. Teaneck：Fairleigh Dickinson University Press，1979.

[149] Edwin Swift Balch，Eugenia Hargous Macfarlane Balch. Art and Man：Comparative Art Studies［M］. Philadelphia：Allen，Lane and Scott，1918.

[150] Karel Werner. Symbols in Art and Religion：The Indian and the Comparative Perspectives［M］. London：Routledge，1990.

[151] Péter Egri. Literature，Painting and Music：An Interdisciplinary Approach to Comparative Literature［M］. Budapest：Akadémiai Kiadó，1988.

[152] James Hall，Chris Puleston. Illustrated Dictionary of Symbols in Eastern and Western Art［M］. Boulder：1995.

[153] Michael Sullivan. The Meeting of Eastern and Western Art［M］. Oakland：University of California Press，1997.

（四）艺术背景类（相关艺术学科）

[154] 朱光潜. 诗论［M］. 北京：北京出版社，2006.

[155] 鉴晔. 中国古代诗词分类大典［M］. 北京：华文出版社，2004.

[156] 陆志韦. 中国诗五讲［M］. 北京：外语教学与研究出版社，1982.

[157] 沈仁康. 诗意美及其他［M］. 广州：花城出版社，1984.

[158] 艾青. 艾青谈诗［M］. 广州：花城出版社，1982.

[159] 吴丈蜀. 词学概说［M］. 北京：中华书局，2007.

[160] 曹林娣. 苏州园林匾额楹联鉴赏（增订本）［M］. 北京：华夏出版社，2004.

[161] 吴忠诚. 现代派诗歌精神与方法［M］. 北京：东方出版社，1999.

[162] 吴家荣. 比较文学新编［M］. 合肥：安徽教育出版社，2004.

[163] 沈从文. 沈从文文集（第11卷）［M］. 广州：花城出版社，1984.

[164] 王先霈，周伟民. 明清小说理论批评史［M］. 广州：花城出版社，1988.

[165] 温儒敏. 中国现代文学批评史［M］. 北京：北京大学出版社，1993.

[166] 沈子丞. 历代论画名著选编［M］. 北京：文物出版社，1982.

[167] 俞剑华. 中国画论类编（上下册）［M］. 北京：中国古典艺术出版社，1957.

[168] 云告. 清代画论［M］. 长沙：湖南美术出版社. 2003.

[169] 傅抱石. 中国绘画理论［M］. 南京：江苏教育出版社，2005.

[170] 田本相,梁茂春.世界艺术史·音乐卷[M].北京:东方出版社,2003.

[171] 洛秦.音乐的构成[M].桂林:广西师范大学出版社,2005.

[172] 林华.乐海絮语:音乐艺术鉴赏录[M].上海:复旦大学出版社,1998.

[173] 蔡仲德.中国音乐美学史[M].2版.北京:人民音乐出版社,2003.

[174] 文化部文学艺术研究院音乐研究所.古代乐论选辑[M].北京:人民音乐出版社,1981.

[175] 丰子恺.丰子恺谈音乐[M].北京:东方出版社,2005.

[176] 李诗原.中国现代音乐:本土与西方的对话[M].上海:上海音乐学院出版社,2004.

[177] 洛地.词乐曲唱[M].北京:人民音乐出版社,1995.

[178] 沈致隆,齐东海.音乐文化与音乐人生[M].北京:北京大学出版社,2007.

[179] 邢维凯.情感艺术的美学历程:西方音乐思想史中的情感论美学[M].上海:上海音乐出版社,2004.

[180] 管建华.音乐人类学导引[M].西安:陕西师范大学出版社,2006.

[181] 蒲亨强.中国音乐通论[M].南京:南京大学出版社,2005.

[182] J-RBjorkvold.本能的缪斯:激活潜在的艺术灵性[M].王毅,孙小鸿,李明生,译.上海:上海人民出版社,1997.

[183] 陈鑫.陈氏太极拳图说[M].上海:上海书店出版社,1986.

[184] 庄曜.探索与狂热:现代西方音乐艺术[M].北京:东方出版中心,2000.

[185] 布拉热科维奇,兹得拉夫科.艺术中的音乐[M].吴晓明,夏方耘,译.武汉:长江文艺出版社,2006.

[186] 潘必新.音乐家、文艺家、美学家论音乐与其他艺术之比较[M].北京:人民音乐出版社,1991.

[187] [英]拜利.音乐的历史[M].黄跃华,张少鹏,等,译.太原:希望出版社,2003.

[188] 钱仁康,钱亦平.音乐作品分析教程(音乐卷)[M].上海:上海音乐出版社,2001.

[189] [德]古斯塔夫·施瓦布.希腊古典神话[M].曹乃云,译.南京:江苏译林出版社,2002.

[190] [德]泽曼.希腊罗马神话[M].周惠,译.上海:上海人民出版社,2005.

[191] James Gow. A Short History of Greek Mathematics[M]. New York: Courier Dover Publications,2004.

[192] Ron Engle, Felicia Hardison Londré, Daniel J Watermeier. Shakespeare Companies and Festivals: An International Guide[M]. Westport: Greenwood Publishing Group, 1995.

[193] Leigh Hunt. Imagination and Fancy or Selections from the English poets, Illustrative of Those First Requisites of Their Art, with Markings of the Best Passages, Critical Notices of the Writers[M]. Whitefish: Kessinger Publishing, 2010.

[194] Olson E. Aristotle's Poetics and English Literature[M]. Toronton: University of Toronto Press, 1965.

[195] Brink C O. Horace on Poetry: the"Ars Poetica"[M]. Cambridge: Cambridge University Press, 1971.

[196] John W Wylie. Landscape[M]. London: Routledge, 2007.

[197] Helen Gardner, Fred S Kleiner, Christin J Mamiya. Gardner's Art Through the Ages: The Western Perspective[M]. Boston: Wadsworth Publishing Company, 2005.

[198] Lippman E. A History of Western Musical Aesthetics[M]. Lincoln: Nebraska University Press, 1992.

[199] Paul Griffiths. A Concise History of Western Music[M]. Cambridge: Cambridge University Press, 2006.

[200] Yayoi Uno Everett, Frederick Lau. Locating East Asia in Western Art Music[M]. Middletown: Wesleyan University Press, 2004.

[201] G Revesz. Introduction to the Psychology of Music[M]. New York: Courier Dover Publications, 2001.

[202] O'Connell R. Art and the Christian Intelligence in St. Augustine[M]. New York: Fordham University Press, 1978.

[203] Y Masih. A Comparative Study of Religions[M]. Delhi: Motilal Banarsidass, 2000.

[204] Auguste Rodin, Paul Gsell. Art: Conversations with Paul Gsell[M]. Oakland: University of California Press, 1984.

[205] Yasmin Sabina Kban. Enlightening the World: the Creation of the State of Liberty [M]. Ithaca: Cornell University Press, 2010.

(五) 其他类

[206] 陈少锋. 伦理学的意绪[M]. 北京:中国人民大学出版社,2000.

[207] Christoffel A van Nieuwenhuijze, Mediterranean Social Sciences Research Council. Markets and Marketing as Factors of Development in the Mediterranean Basin [M]. Hague: Mouton, 1963.

[208] Rudolf Arnheim. Art and Visual Perception：a Psychology of the Creative Eye[M]. Oakland：University of California Press，2004.

[209] Christopher Penczak. Ascension Magick：Ritual，Myth & Healing for the New Aeon[M]. Woodbury：Llewellyn Worldwide，2007.

(六) 论文类

[210] 张国涛. 政府形象传播研究的创新之作——简评《政府形象传播》[J]. 南京社会科学,2013(3):156.

[211] 王廷信. 为何要研究艺术传播学[M]//艺术学界(第二辑). 南京:江苏美术出版社,2009.

[212] 吕方. 我国公共文化服务需求导向转变研究[J]. 学海,2012(6):59.

[213] 周武忠. 中国古典园林艺术风格的形成[J]. 艺术百家,2005(5):111.

[214] 周武忠. 中国花文化研究综述[J]. 中国园林,2008(6):79-81.

[215] 周武忠. 园林:一门独特的艺术——著名科学家钱学森的园林艺术观[J]. 中国名城,2009(12):17.

[216] 张中秋,王朋. 中西长子继承制比较研究[J]. 南京大学法律评论,1997(2):41.

[217] 于宝华. 周代宗法制度研究[J]. 大同高等专科学校学报,1997(2):41.

[218] 张振中. 中国农民崇天、敬祖的天命观[J]. 华夏文化,1998(3):48.

[219] 强昱. 道教心学的精神气质——以《内观经》为核心的考察[J]. 世界宗教研究,2006(4):65.

[220] 高蕾. 情感·艺术·生态式艺术教育——试论儿童情感教育的审美模式[D]. 南京:南京师范大学,2007.

[221] 李西安,谭盾,瞿小松,等. 现代音乐思潮对话录[J]. 人民音乐,1986,225(6):12-18.

[222] Joanna Fortnam. Color Your Word[J]. Garden Design, 2006(4): 86-94.

附录:彩图部分

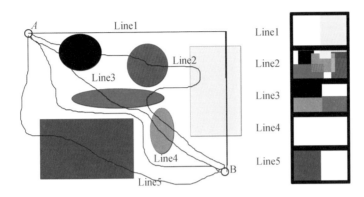

图 1. 2　感知与思维的关系图示

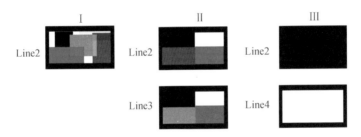

图 1. 3　以 Line2 为例的感知属性变化图

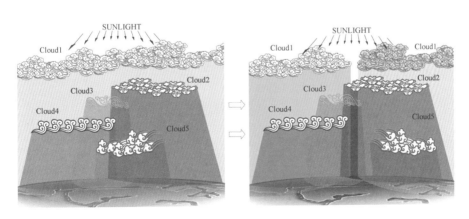

图 2. 2　"阴影补偿理论"变化图

图 3.7　东方园林艺术的"节拍"

图 3.8　西方园林艺术的"节拍"

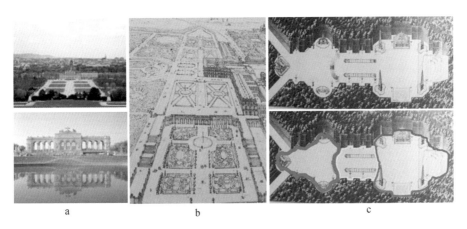

图 3.9　西方园林与音乐的曲式

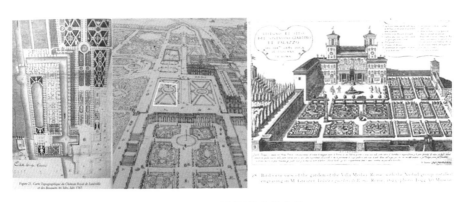

图 3.12　西方园林中的声韵

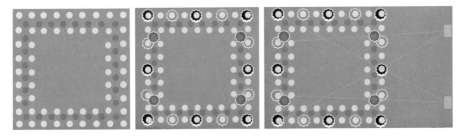

图 3.19　宫廷乐舞排列位置分析示意图

SUNLIGHT
Cloud1
Cloud2
Cloud3
Cloud4
Cloud5
SUNLIGHT
Cloud1
Cloud1
Cloud2
Cloud3
Cloud4
Cloud5

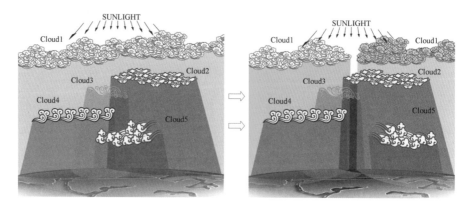

图 5.1 “阴影补偿理论”变化图

人类的基本感官交互渠道
嗅
听
视
味
触
展示雄性或雌性魅力的行为
展示肢体美的体态艺术
即兴歌舞
即兴音乐
……
第一层次（NMS-Level）：无材料阶段（No Material and Stuff）
第二层次（LCHPR-Level）：线条生成器、颜色、图像记录材料(Line, Colour, Hue and Pattern Recorder）
第三层次（SSB-Level）：造型生成器(Shape and Size Builder)
第四层次(IBR-Level)：光媒存取器（Image Builder and Recorder）
第五层次(SVBR-Level)：声媒存取器（Sound & Voice Builder and Recorder ）
第六层次（MSMT-Level）：混合感官技术（Mix-Sense Media Technology）
……
歌舞剧、戏剧及电影
多媒体数码艺术
饮食艺术
园林艺术

图 6.1 艺术的六个层次

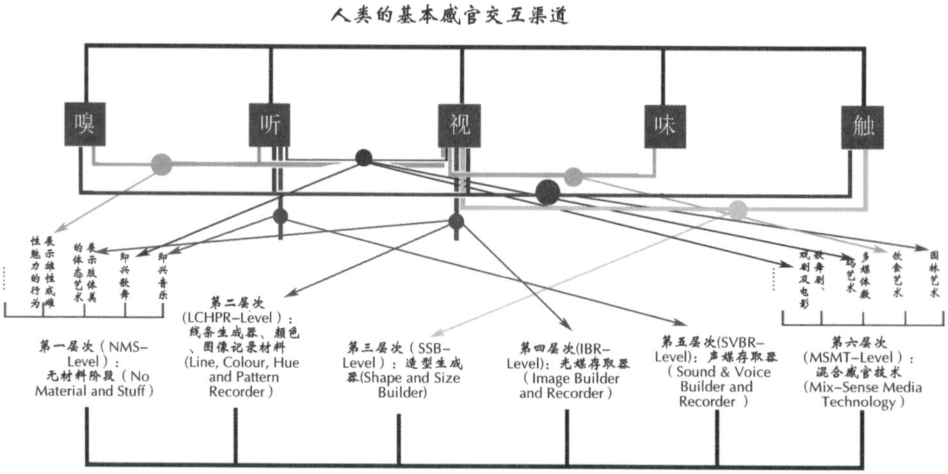